푸른 눈의 여인이 그린

한국의 들꽃과 전설

플로렌스 헤들스톤 크레인 / 지음

최 양 식 / 옮김

先人

푸른 눈의 여인이 그린
한국의 들꽃과 전설

초판 1쇄 발행 2008년 2월 3일
　　4쇄 발행 2023년 5월 31일

지　음 ▌플로렌스 헤들스톤 크레인
번역·해설 ▌최 양 식
펴낸이 ▌윤관백
편　집 ▌김지학
표　지 ▌김지학

펴낸곳 ▌ 선인

인　쇄 ▌신도인쇄
제　본 ▌과성제책
등　록 ▌제5-77호(1998. 11. 4)
주　소 ▌서울시 양천구 남부순환로48길 1, 1층
전　화 ▌02)718-6252
팩　스 ▌02)718-6253
E-mail ▌sunin72@chol.com

정가 ▌22,000원
ISBN 978-89-5933-108-6　03480

푸른 눈의 여인이 그린

한국의 들꽃과 전설

Contents

차 례

▌9월에 피는 꽃

보석 같은 글과 그림을 다시 책으로 내며

　지금으로부터 90여 년 전인 1912년, 자연을 사랑하는 미국 미시시피 출신의 한 젊은 여인이 고요한 아침의 나라를 찾았다.

　훗날 이 나라의 한 시인에 의하여 '빼앗긴 들'이라고 불리게 될 아름다운 이 나라의 남쪽 순천지방에서 선교사의 부인 플로렌스는 남편 존 커티스 크레인과 함께 오랜 기간을 이곳 사람들과 보내게 된다. 그녀는 봄바람에 휘날리는 금발을 스카프로 감싼 채 야생화를 찾아 이 나라 남쪽지방의 논과 밭, 숲과 들, 그리고 그림처럼 이어지는 남도지방의 나지막한 야산을 수없이 오르내렸을 것이다.

　그녀는 이 나라에는 당시로서는 아직 사용되지 않았을 서양의 그림물감으로 수채화를 그리면서 담뱃대를 입에 문 노인들과 수다스러운 여인들에게서 약간은 슬프기까지 한 이 나라의 꽃들에 얽힌 전설과 이야기를 호기심 어린 눈을 반짝이며 들었을 것이다.

　1926년 휴가를 위해 고향에 들른 플로렌스는 그동안 그녀가 그린 그림과 수집한 이야기를 적은 기록들을 노드캘로라이나 더램대학의 왓쓰교수에게 보여주게 된다. 왓쓴교수는 은둔의 나라의 아름다운 야생화와 신비로운 전설에 깊은 감명을 받는다.

　왓쓰교수가 사망한 지 얼마 후 왓쓰교수의 미망인은 크레인 여사에게 그 아름다운 책의 출간을 제의하게 된다. 섬세하면서도 선의 터치가 굵은 스케치에 7가지 색을 써서 그린 마흔 다섯 개의 수채화, 나무판화와 꽃의 학명과 전설들로 구성된 내용들은 일본의 식물학 전문가들의 자문을 받아

1931년 도쿄의 산세이도 출판사에서 출판된다.

이 책이 아마 한국의 야생화에 관하여 영어로 쓰인 최초의 책일 것으로 생각된다. 이 책은 출간된 지 오래되어서 원본은 이미 수집가들이 찾아다니는 희귀 도서가 되었다. 그 후 이 책은 1969년과 1970년에 한국의 가든 클럽에 의하여 한정본으로 다시 출판되어 한국의 꽃을 사랑하는 주한 외교관 부인들에게 돌려졌다. 이 책의 출간은 꽃에 대한 사랑이 남달랐던 당시 박정희 대통령의 부인 육영수여사의 특별한 관심과 지원으로 이루어졌다고 한다.

아직도 필자는 작년 봄 『양화소록』 등 희귀 고서적을 발굴한 바 있는 재야 문화사학자 박영돈 선생이 보여준 이 책의 초간본으로부터 받은 놀라움과 경이로움을 결코 잊지 못한다.

이 책은 1월에 피는 동백나무, 부방등, 차나무부터 시작하여 12월에 피는 명감, 겨우살이, 묘아자까지 개화시기별로 12달로 나누어 148개의 수채화 그림을 담고 있으며, 한국인이면 누구나 어린 시절 할머니의 무릎을 베고 한번씩은 들었음직한 꽃에 얽힌 전설들이 영어로 소개되어 있다.

3월에 피는 할미꽃에 대해 플로렌스가 기록한 내용을 들어보자

"옛날에 딸 셋을 둔 할머니가 살았다. 딸 둘은 부잣집에 시집가서 잘 살고 있었지만 평소 할머니의 방문을 그다지 반기지 않았다. 그럴 때면 할머니는 비록 가난하지만 마음씨 고운 막내딸의 집을 찾았다. 막내딸네 집으로 가는 길은 높은 재를 넘어야 했다. 지팡이를 짚고 재를 넘던 할머니는

기력이 다한 나머지 바위에 기댄 채로 그만 숨을 거두고 말았다.

　저녁 해거름에 꼴 지게를 지고 집으로 돌아가던 막내사위가 이를 발견하고 슬퍼하며 장모를 산꼭대기 양지바른 곳에 고이 묻어드렸다. 슬픈 소식을 전해들은 막내딸은 이튿날 아침 일찍 어머니의 무덤을 찾아 산으로 올랐다. 놀랍게도 어머니의 무덤은 작고 속이 빨간 회색의 꼬부라진 꽃들로 가득 뒤덮여 있었다. 이후로 이 작은 꽃들은 할미꽃으로 불려지기 시작했다."

　이 이야기는 우리 어른들이 어린 시절에 들은 이야기이고 우리 어른들이 오늘의 우리 어린이들의 머리맡에서 전해주는 애잔한 이야기이다.

　이 책에서 플로렌스는 또 우리가 잘 알고 있는 심청의 이야기를 담은 7월의 흰 연꽃에 대하여도 그림과 글을 전하고 있다. 깨끗한 물가에서 자라고 9월에 꽃을 피우는 들봉선화에 얽힌 이야기를 플로렌스에게서 들어보자.

　"옛날 한 소녀가 초저녁별을 무척 사랑하였다. 하루 일이 끝나면 그녀는 매일 별에게로 달려가 고운 목소리로 노래를 불렀다. 하루는 별이 그녀의 고운 목소리를 귀 기울여 들으려다가 그만 하늘에서 그녀의 발 밑으로 떨어져 죽고 말았다.

　너무 슬퍼한 그녀는 별을 주워 땅에 묻어 주었는데 그 무덤에서 피어난 꽃이 들봉선화라고 한다. 그 후 그녀는 매일 별의 무덤을 찾아가 꽃을 돌보아 주었다. 꽃잎이 떨어지면 주워서 손톱에 물을 들였다."

이 이야기가 우리 할아버지, 할머니들이 '울밑에선 봉선화야'라는 노래로 부르던 꽃에 관한 이야기이다.

마지막으로 당시 주권 잃은 나라의 국화인 무궁화에 대하여 플로렌스가 적고 있는 글을 읽어보자.

"꺾꽂이를 해놓으면 금방 자라나고 삼천리강산 방방곡곡에 없는 곳이 없다. 꺾어도 꺾어도 다시 자라나는 끈질김은 역동의 역사를 가진 한국의 징표로 여겨서 국화로 정해져 있다. 주변의 강대국에 둘러싸여 항상 시달려야만 했던 작은 반도의 나라, 그래서 자주 꺾어져야만 했던 이 나라의 운명과도 같은 이 꽃이 온 국민의 사랑을 받음은 지극히 당연한 일일 것이다."

70여년 전에 나라 잃은 사람들과 애환을 함께 한 꽃을 사랑한 푸른 눈의 여인이 그린 담백한 수채화, 논두렁 밭두렁에서 손짓 발짓과 마음으로 전해오는 말을 직접 듣고 기록한 이 이야기들은 백년이라는 시간의 벽과 동서양이라는 공간의 벽을 넘어 오늘 우리에게 문득 다가온다. 꽃을 사랑하는 이 나라 사람들뿐만 아니라 꽃을 사랑하는 지구촌의 모든 가족에게도 특별한 의미를 전해줄 것으로 생각된다.

끝으로 어려운 출판 여건에도 불구하고 흔쾌히 이 책을 발간해 주신 도서출판 선인 윤관백사장님과 편집부에도 감사의 뜻을 전한다.

2008. 1

행정자치부 제1차관 **최양식**

글머리에

"신은 말씀하시리!
따사하고 생동하는 봄의 기운,
얼어붙은 불모의 땅을 부드럽고 파랗게 만드시리.
그리고는 미소 지으시리라. 꽃이 또한 피어나고 있으니."

자연을 사랑하는 한 젊은 여인이 '고요한 아침의 나라(Land of the Morning Calm)'를 찾았습니다. 하지만 자연 속에서 자라는 꽃을 사랑하는 그녀를 기다리고 있던 말은 실망스런 한마디 말뿐, "한국에는 야생화가 없다."

"숲 속에 피어있는 한 송이 꽃,
그대 단 한순간만이라도 야생화로 남아 있기를! 단 한 순간만이라도….
화사하고 꾸밈없는 그대 모습 바람에 날려 사라져 보이지 않을 그때까지만이라도!"

끊임없이 이어지는 산허리, 높고 낮은 산들, 셀 수 없이 많은 강줄기들, 여기저기 굴러 내려져 있는 바위들, 그리고 끝없이 펼쳐져 있는 논과 밭 풍경들, 이 모든 것들이 한국을 알고 사랑하는 분들이 공감하고 있는 전경들일 것입니다. 그렇다면 이러한 아름다운 자연의 나라에 3,000가지 이상이 되는 야생식물들이 있다는 것은 전혀 놀라운 일이 아니겠지요.

한국이란 나라는 '삼천리' 밖에 되지 않는 아주 작은 나라입니다. 하지만 지리산, 금강산 그리고 한국의 가장 큰 섬인 제주에 있는 한라산 등 동해안 쪽이나 서해안 쪽이나 그 어느 곳을 가더라도 거의 비슷한 종류의 꽃들을 쉽게 발견할 수 있습니다. 같은 종류의 야생초들은 기후의 차가 아주 심한 지역이라든지 한 냉 차이가 아주 심한 그런 몇몇 지역을 제외하고는 거의 어느 곳에서나 찾아볼 수가 있습니다.

이 책에서 소개하고자 하는 야생화나 정원화들은 한국인들에게는 이미 약초나 식용 혹은 염색용으로 널리 알려진 것들입니다. 이 꽃들에 얽힌 전설들과 수채화들 또한 쉽게 잊혀져 가는 옛 선비들의 자취를 재현해 보고자 하는 작은 노력이며, 그 이야기들 속에서 그들의 시상이나 그들의 생활 속의 비극의 흔적들을 다시 느껴보고자 하는 바람입니다. 희미하게나마 그들의 생활의 정서와 그들의 아픔들까지도 앞으로 살아가야 할 우리들의 미래에 조그마한 이해로 더욱 풍요로운 생활이 되는 데 보탬이 되었으면 하는 바람일 뿐입니다.

무엇보다도 이 책에 실린 모든 풀과 나무들의 구별을 도와주신 동경대학 식물학과 다케노신 나카이 교수님, 그리고 케이조대학의 츠토무 이시도야 박사님께 심심한 감사의 말씀을 드리며 아울러 끊임없이 성원을 보내주신 한국인 친구들, 그리고 나의 미국 친구들에게도 심심한 감사의 말씀을 드립니다. 그중에서도 저의 남편에게 이 모든 작업의 공로를 돌리고자 합니다.

1931년 5월 20일 순천에서
플로렌스 헤들스톤 크레인

한국인보다 한국을 더 사랑한 플로렌스 여사의 가족

플로렌스 크레인의 가족은 어쩌면 한국을 위해 태어났다고 해도 과언이 아닐 정도로 지독히도 한국을 사랑하는 사람들이었다. 그래서인지 이들 가족은 모두 1900년대 초부터 한국에서 선교사로서 활동한 경력이 있다.

플로렌스 여사가 한국과 인연을 맺게 된 것은 남편 존 크레인(John Curtis Crane, Th.D., 具禮仁)을 만나게 되면서부터이다. 미술에 천부적 소질이 있었던 플로렌스 여사는 존 크레인의 청혼에 따라 상금으로 받은 2년간의 프랑스 유학을 포기하고 그와 함께 1912년 순천으로 향하면서 한국, 그리고 한국의 들꽃과 사랑에 빠진다.

남편은 버지니아주에 있는 유니온(Union) 신학교를 졸업하고 미국 장로교회의 목사가 되어 부인 플로렌스 여사와 함께 순천에서 선교를 시작하여 평생 (44년)을 한국선교에 몸바친다.

크레인의 형제들 역시 일찍부터 한국선교에 뛰어들었는데, 존 크레인의 누나인 자넷(Miss Janet Crane, 具慈禮)은 존으로부터 한국 이야기를 듣고 1919년 12월부터 전주의 젼킨여학교에서 공예를 가르치며 1954년 6월까지 선교하였다.

존 크레인의 첫째 동생인 Paul Scakett Crane 역시 목사로서 한국에서 선교를 하였는데 1919년 수원에서 교통사고로 사망한다. 둘째 동생인 William Earl Crane은 죽은 형의 형수와 혼인하여 평생 집안을 돌보았다고 한다.

| Janet Crane

플로렌스 여사에게는 모두 4남매가 있었다. 첫째는 1915년 순천에서 태어난 딸 Lillian이다. Lillian은 버지니아주 리치몬드에 있는 장로교 신학대학에 다닐 때 만난 유니온 신학대학 출신의 Thompson Southall Jr와 혼인하고, 1938년 순천에서 선교의 첫걸음을 시작한다. 둘째는 1919년 5월 2일 미시시피주의 옥스퍼드에서 태어난 아들 Paul Crane이다. 폴은 Johns Hopkins대학에서 의학을 전공하고 같은 대학 간호학과의 Sophie Montgomery를 만나 혼인하여 1947년 전주에서 의료선교를 시작하여 예수병원을 세우는 등의 의료선교 활동을 하였다. 셋째는 보배(Pobai Florence Crane)라는 한국식 이름을 가진 딸로, 그림을 잘 그려 많은 작품을 남겼다. 그녀는 장로교회 목사 Hefelginger와 혼인하여 버지니아 주에 살면서 노년의 플로렌스 여사 부부와 함께 살았다. 막내 딸 Elizabeth Leitia는 불행이도 어릴 때 폐렴으로 순천에서 하늘나라로 가고 말았다.

플로렌스 가족 9명 중 6명이 선교를 위해 한국생활을 하였다는 것은 크래인 가족이 얼마나 한국을 사랑했는가를 보여주는 증거가 된다. 그래서 이들을 한국인보다 한국을 더 사랑한 가족이라 할 수 있다.

▌ Mrs. Florence Hedleston
Crane (1912년 당시)

▌ John Curtis Crane 선교사

▌ John Curtis Crane(좌), Paul Scakett Crane(우)

일러두기

이 책은 플로렌스 헤들스톤 크레인이 지은 『Flowers and Folk-lore from far Korea』 (sanseido, 1931)를 바탕으로 번역, 해설한 것이다.

- 원본은 왼쪽에는 한국의 들꽃에 관한 전설을, 오른편에는 여러 들꽃 그림을 한 판에 모아서 인쇄하였으나, 독자의 편의를 위해 매 월의 시작에는 이 그림 원본을 제시하고, 그 다음 쪽부터는 들꽃 하나하나를 독립시켜 편집하였다.
- 번역의 정확성을 기하고, 원문의 가치를 살리기 위해 번역문 다음에 원문을 게재하였다.
- 들꽃 하나하나에 대해 한글 이름과 그에 대한 설명, 저자가 밝힌 학명을 원문으로 제시하여 이해에 도움을 주고자 하였다.
- 이 책에 등장하는 들꽃 중에서 우리민화에 등장하는 들꽃을 찾아 사진으로 계재하였다.
- 각 들꽃에 대해서는 『한국동식물도감18』(문교부, 1978), 국가생물종지식시스템(산림청, http://www.nature.go.kr) 등을 참고하여, 학명을 확인하고 간략하게 설명하였다.

푸른 눈의 여인이 그린

한국의 들꽃과 전설

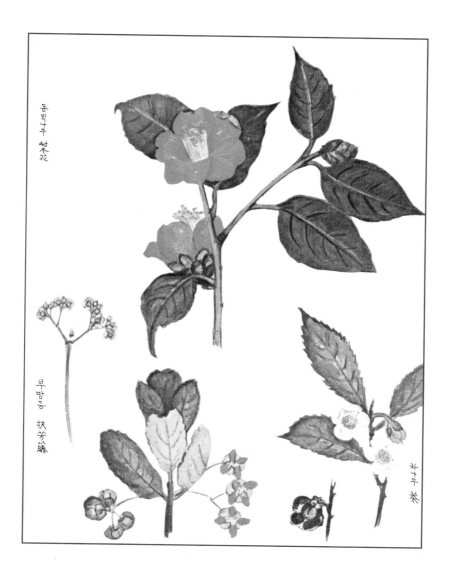

동백나무 山茶花

부방나무 扶芳藤

차나무 茶

동백나무는 한국 남부지방의 구릉지역에서 찾아볼 수 있다.
예로부터 "존경받을 만한 인물은 눈 속의 동백처럼 오래 기억될 것이다."
또, "부자는 동백기름으로 머리를 감고, 가난한 사람은 아주까리기름으로 머리를 감는다."는
말을 비롯 동백나무와 관련된 말들이 적지 않게 있다.
결혼식 날 신랑 신부의 예식상 위를 장식하는 동백나무 가지는 장수와 영원불멸을 뜻하는 상징이
기도 하다.
기원전 1200년인 은나라 시대부터 동백나무는 사람의 "절개"를 권장하는 뜻에서 널리 심어지
기도 했으며 나무는 약재로도 쓰인다.

부방등은 6월에 꽃을 피우는 상록수로서 그 붉은 열매는 1월의 눈 속에서도 뚜렷하게 눈에 띈다.

차나무도 역시 겨울에 꽃을 피운다. 5월의 햇살에 차나무 잎을 따서 말려 널리 사랑 받는 차를
만든다.

Japonicas are found on the hills of southern Korea. An old proverb
says : "A man of character abides as the Japonica in the snow." Again:
"If you are rich, anoint your hair wite Japonica oil; if poor, use the
oil of the Castor Bean."
Branches of Japonica on the wedding table are a symbol of long life
and steadfastness. Thus we are told that as early the eun Dynasty
(1200 B.C.) Japonica trees were planted to "steady" the minds of the
people. A medicine is made from the tree.

Euonymus is an evergreen which flowers in June, but its fruit, a red
berry, is most conspicuous in the snow of January.

the tea plant flowers in winter. leaves, gathered in may, are dried in
the sun and furnish a highly prized native beverage.

▌동백나무(동빅나우 冬柏花)
  차나무과에 속하는 상록교목. 잎은 타원형으로 어긋나게 달리고 두꺼우며 윤기가 난다. 열매는 삭과로 둥글고 잎은 갈색의 종자가 들어 있다. 꽃은 관상용으로 사용하며 기름을 짠다.
▌Camellia japonica, Linne ; Camelliaor Japonica, 'Enduring Winter Flower.'

▌부방등(부방등 扶芳藤)
　산기슭의 숲 속에서 자란다. 가지는 녹색이고 잔 점이 있으며, 약간 모가 나고 나무줄기와 바위 등을 기어 올라
간다. 잎은 마주나고 두꺼우며 타원 모양이고 가장자리에 둔한 톱니가 있다. 잎과 줄기는 약재로 쓰며 관절염,
동통 제거에 효과가 있다.
▌Euonymus radicans, Siebold ; Euonymus, 'Fragrant Climber.'

▌ 차나무(차나무 茶)
　차나무는 영년생으로 잎의 모양은 긴타원형이고, 가장자리에 톱니가 있다. 길이는 3~10cm 정도로 윤이난다.
　꽃은 9~11월에 피고 열매는 이듬해 가을에 익어 열매와 열매와 꽃이달려 있는 모습을 실화상봉수라고도 한다.
▌ Thea Sinensis, Linne Tea Plant.

개버들
柳

서양에서는 :
　　"갯버들 나뭇 가지마다
　　파릇파릇 새싹 터져 나오고
　　개울 물가를 따라, 울새는 밭에서
　　이른 아침의 벌레를 찾아 헤맨다!"

동양에서는 :
　　"버들, 버들, 갯버들아!
　　봄이 되어 활짝 피는구나.
　　대나무 울타리가 부딪히며 울리는 사이에
　　가지마다 새싹이 돋아나는구나."

한국에는 "출세를 꿈꾸는 사람들(social climbers)"을 꼬집는 말로
"갯버들이 활짝 피었구면." 이라는 비유가 있다.
갯버들의 새싹은 아이들의 군것질 거리가 되기도 하고 나뭇가지의 껍데기는 바구니를 만드는
데에도 쓰인다.
갯버들은 서기 131년경 한국 역사에서 가장 먼저 언급되었는데, "버드나무가 많이 있는 지역"
인 포팔이라는 곳에서 한 유명한 장군에게 잡힌 거인의 이야기에 등장하고 있다.

The West:
　　"I guess the Pussy Willows now
　　Are creeping out on every bough
　　Along the brook, and robins look
　　For early warms, beneath the plow."

The East:
　　"Puppy, puppy, puppy Willows!
　　Now you're blooming in the spring
　　Sap is rising in your twiglets
　　While bamboo fences, cracking, ring."

"Social climbers" in Korea elicit the laconic comment: "The puppy
Willows must be blooming!"
Children eat the "puppies," and the branches are woven into baskets.
Willows are mentioned in korean history as early as 131 A. D. when a
giant was captured by a famous warrior in the land of popal, "where
there were many willows."

갯버들(개버들 柳)

버드나무과로 줄기 밑에서 가지가 나와 포기로 자라며, 어린가지는 노란빛이 도는 초록색으로 많은 털이 있으나 자라면서 없어진다. 잎은 긴 끈처럼 생겼으나 잎 끝과 잎 밑은 뾰족하며 잎 가장자리에는 작은 톱니들이 나 있다. 양지바른 냇가에서 흔히 자라며 가지가 많이 생기고 추위에도 잘 견뎌 물가나 산울타리에 심으면 좋다. 버들강아지라고 하는 갯버들의 꽃은 꽃꽂이에 흔히 쓰이며 가지와 잎은 가축의 먹이로 쓰이기도 한다.

Salix gracityra, Miquel : Longstyle Willow.

▌키버들
  '고리버들'이라고도 한다. 들이나 물가에 자란다. 높이 2~3m이다. 줄기는 노란빛을 띤 갈색이고 가지를 길게
뻗는다. 열매는 삭과로서 달걀 모양이며 4~5월에 익는다. 줄기는 바구니와 키 등의 공예품을 만드는 데 쓴다.
▌Salix purpurea, Linne ; bitter Willow, Purple Osier.
  Salix integra, Thunberg.
  Salix purpurea, Linne ; bitter Willow, Purple Osier.

해당화 海棠花

신이화 辛荑花

물솔나무 狗舌草

여기저기 만발한 **신이화**는 봄이 오는 것을 미리 알려주는 꽃이다. 고대 중국에서는 국가고시를 통과한 관리들에게 왕이 신이화로 만든 화환을 징표로 하사하기도 하였다.

옛날 한 시인이 아내와 첩들 그리고 종들을 남겨두고 먼길의 여행을 떠나갔다. 여행에서 돌아와 보니 모두 그를 버리고 떠나 버렸는데 충실한 아내만이 홀로 그 자리를 떠나지 않고 그를 기다리고 있었다.

그제서야 아내의 후덕함을 깨달은 그가 아내를 위해 남긴 한 편의 시가 전해온다.

> "늦은 봄 카나리아 울 때,
> 신이화 꽃잎 지고 살구도 떨어지는데
> 내 산속의 집 대나무 그림자 홀로
> 변함없이 자리를 지키고 있구나
> 나의 사랑, 나의 모든 것."

해동화는 제주도와 바닷가의 다도해 쪽에서 흔히 볼 수 있는 관목수이다. 해동화 기름은 광택제로 사용된다.

한국의 **풀솜나물**은 줄기, 뿌리, 씨앗까지 모두 식용으로 쓰인다. 히브리인들이 "이스트를 넣지 않은 빵(무교빵)"을 먹을 때 곁들이는 "씁쓸한 양념"처럼 한국사람들은 이 씁쓸한 맛을 지니고 있는 풀솜나물의 이파리를 조상에게 차례를 지낼 때 만드는 떡에 섞어 넣는다.

한국의 속담에는 또 이런 말이 있다.

"성실한 자에게는 고생 끝에 낙이 온다(苦盡甘來)."

Forsythia everywhere portrays the coming Spring. In the old days, crowns of its golden blossoms were placed by the kings on the heads of chinese Scholars, when they successfully passed the civil examinations, entitling them to official rank.

Once a poet took a journey into a far country, leaving his wife, his concubines and his slaves behind. on his return, he found all had despaird of him and fled, save only his faithful wife, Whose beauty he now appreciates for the first time, as he sings:

"In the late spring the canaries come,
The Farsythia fades and the Apricat falls:
but the bamboo shade of my mountain home
Fore'er abides,— My love, My All."

Raphiolepis is a shrub found on the island of cheju and in the archipelago off the of Korea. The tong Oil from this plant is used in making varnishes.

Ragwort, in Korea, is a vegetable, — roots, stem and seeds. It has, of course, a very bitter taste, but the plant is cut and eaten with 'bread' (the Korean's 'cake')at the time of the ancestral sacrifice, in much the same way as the Hebrew's "bitter herbs" with his "unleavened bread." Hence the Korean proverb : "for the faithful, after the bitter comes the sweet."

■ 신이화(신이화 辛荑花)
　'개나리', '영춘화' 라고도 한다. 산기슭 양지에서 많이 자란다. 가지 끝이 밑으로 처지며, 잔가지는 처음에는 녹색이지만 점차 회갈색으로 변한다. 한방에서 한열, 발열, 화농성질환, 소변불리, 종기, 신장염, 습진 등에 처방한다. 뿌리를 연교근, 줄기와 잎을 연교지엽이라 하여 모두 약용으로 쓴다. 개나리 열매껍질에서 추출한 물질에는 항균 성분이 있다. 한국, 중국에 분포한다.

■ Forsythia koreana, Nakai; Goldenbells, Forsythia.

▌ 해동화(해동화 海桐花)
쌍떡잎식물 장미목 장미과의 상록활엽 관목. 해안에서 자란다. 줄기는 곧게 서며 가지가 돌려난다. 어린 가지
에 갈색 솜털이 덮여 있지만 곧 없어진다. 관상용으로 많이 심고, 나무껍질과 뿌리는 생사를 염색하는 데 쓰인
다. 한국, 일본, 대만 등지에 분포한다. '다정큼' 이라고도 한다.
▌ Raphiolepis umbrellata, Makino; Sharinbai, 'Sea-side Tong Oil Flower.'

▎풀솜나무(풀솜나무 狗舌草)
　　국화과의 여러해살이풀. 높이는 20~30cm이며, 잎은 어긋나거나 모여 나고 선 모양이다. 5~7월에 갈색의 두
　상화가 줄기 끝에 피고 열매는 수과를 맺는다. 어린잎은 식용하고 산이나 들에서 자라는데 한국, 일본, 대만
　등지에 분포한다. 지역에 따라 '개쑥갓속' 이라고도 한다.
▎Senecio campestris, De Candolle ; Ragwort.

할미꽃의 뿌리는 술에 삶아 류마티즘의 약재로 쓰이고, 그 이파리는 코피를 막는 데 쓰이며 마른 씨앗은 강장제의 재료로 사용되기도 한다.

옛날에 한 할머니에게 딸 셋이 있었다.

위의 두 딸들은 모두 부잣집으로 시집가 호화롭게 살고 있었지만 친정 어머니가 오는 것을 그다지 반기지 않았다. 할머니는 서운한 마음이 들 때마다 멀리 재 너머에 살고 있는, 가난하지만 언제나 사랑과 화목이 넘치는 막내딸의 집으로 발길을 옮기곤 하였다. 어느 날 이 늙어 꼬부라진 할머니가 지팡이를 짚고 막내딸의 집으로 가는 마지막 험한 재를 넘다가 안타깝게도 기운이 다해 바위 위에 걸터앉은 채로 명을 달리하고 말았다.

저녁이 어스름해지자 막내사위는 꼴이 가득한 지게를 지고 집으로 돌아오는 길에 장모의 주검을 발견하고 슬퍼하며 산꼭대기에 고이 묻어 드렸다. 집에 돌아온 남편에게 슬픈 소식을 들은 막내딸은 다음날 아침 일찍 사랑하는 어머니의 무덤을 찾아 산을 올랐다. 놀랍게도 어머니의 무덤은 작고 꼬부라진, 멍든 가슴과 같이 속이 빨간 회색 꽃들로 온통 뒤덮여 있는 게 아닌가! 그리하여 이 꽃이 이러한 이름을 얻었다.

산자고의 이파리는 식용으로 쓰인다.
반대로 **미나리 아재비**는 독성을 가지고 있다.

옛날 결혼을 하루 앞둔 연인이 해질녘의 도나강변을 산책하고 있었다. 부드러운 햇빛은 물결에 입 맞추고, 물결은 그들의 사랑을 노래하였다. 신부가 절벽 끝에 있는 작고 앙증맞은 꽃을 꺾으려고 하는 것을 그녀의 연인이 먼저 손을 뻗어 그녀를 위해 꽃을 꺾어 주려다가 그만 발이 미끄러져 강물에 빠져버렸다. 그는 마침 밀려오던 거센 물살에 떠내려가면서도 손에 들려있던 파란 꽃을 높이 쳐들고 있었다. 슬픔에 겨운 신부는 그 후로 그 꽃을 **물망초**라 불렀다.

The roots of the 'Grandmother Flower' are boiled in beer and used for rheumatism, the leaves are used for nose-bleed and a tonic is made from the dried seed-pods.

Once upon a time, an old Woman had three daughters. The two oldest married in great wealth and luxury but when the mother would visit them, she always seemed unwelcome and with a sad heart would start on the long journey, over a high mountain, to the humble home of the youngest daughter where she always found love and happiness. Once, when she was making this hard trip, a little, bent, old woman, leaning on a stick, with great difficulty she struggled up this last high pass, from which she could see her youngest daughter's home. Just here her strength failed and she sank down on a stone and died. Soon the evening shadows fell and her third son-in-law, returning home with a great load of grass upon his back, found the body of his mother-in-law, and with loving hands buried her there upon the mountain top. He then went home and told his wife, who arose early the next morning and climbed the mountain to see her mother's grave. Great was her surprise to find the grave covered with a little, bent, grey flower, all red inside like a broken heart. And thus this flower got its name.

The leaves of the Star-flower are used as a vegetable.
The Buttercup, on the contrary, is poisonous.

Once two lovers, on the eve of their wedding-day, were strolling on the bank of the dona River, just as 'the sun was going into the west mountain.' The sun kissed the water, and the waves sang its praises to their love. The maiden saw a tiny flower cast on the water and tried to reach it. Her lover stepped forward to get the flower, his foot slipped, and he fell into the river. At that moment a great tidal wave came and swallowed him up, but he held his right hand high above his head, and in it the little blue flower. So the made, in her sorrow, called the flower 'Forget-me-not.'

▍ 할미꽃(할어니꽃 ꝺ쁨髮草)
쌍떡잎식물 미나리아재비목 미나리아재비과의 여러해살이풀. 산과 들판의 양지 쪽에서 자란다. 흰 털로 덮인 열매의 덩어리가 할머니의 하얀 머리카락같이 보이기 때문에 할미꽃이라는 이름이 붙었다. 유독식물이지만 뿌리는 해열 · 수렴 · 소염 · 살균 등에 약용하거나 이질 등의 지사제로 사용하고 민간에서는 학질과 신경통에 쓴다.
▍ Pulsatilla koreana, Nakai ; Anemone, 'Grandmother Flower.'

■ 산자고(산자고 山慈姑)
외떡잎식물 백합목 백합과의 여러해살이풀. 양지바른 풀밭에서 자란다. 씨방은 녹색이고 세모난 타원 모양이며 1개의 암술대가 있다. 열매는 삭과(殼果)로서 세모나고 둥글며 끝에 길이 6mm 정도의 암술대가 달린다. 포기 전체를 식용한다. 한방에서는 비늘줄기를 종기를 없애고 종양을 치료하는 데 쓴다. 한국(제주도 · 무등산 · 백양산) 중국 등지에 분포한다.
■ Tulipa edulis, Baker ; Star Flower.

미나리아재비

▌미나리아재비

　미나리아재비과에 속하는 다년생 초본식물로 우리나라 각처에서 자라는 식물이다. 키가 50~70cm 가량이고, 열매는 작은 수과로 모여서 별사탕모양을 이룬다. 독성이 있으나 진통, 해열의 효능이 있다고 하여 두통, 관절통, 황달 등의 치료제로 이용한다. 또 어린잎은 나물로 먹으며 민간에서는 살충발포약으로 사용한다.

▌Ranunculus Tachiroei, Franchet & Sav; Buttercup.

■ 물망초(물망초 勿忘草)

쌍떡잎식물 통화식물목 지치과의 여러해살이풀. 유럽이 원산지이고 관상용으로 심는다. 원예에서는 한해살이
풀로 취급한다. 전체에 털이 많고 뿌리에서 모여 나온 잎은 거꾸로 세운 바소 모양이며 잎자루가 있다. 줄기에
달린 잎은 잎자루가 없으며 긴 타원 모양이다. 꽃은 5～6월에 하늘색으로 피고 한쪽으로 풀리는 총상꽃차례
를 이루며 달린다.

■ Trigonotis peduncularis, Benth; Wild Forget-me-not, 'Forget-me-not.'

▌ 민화 속에 보이는 진달래 (국립민속박물관 소장)

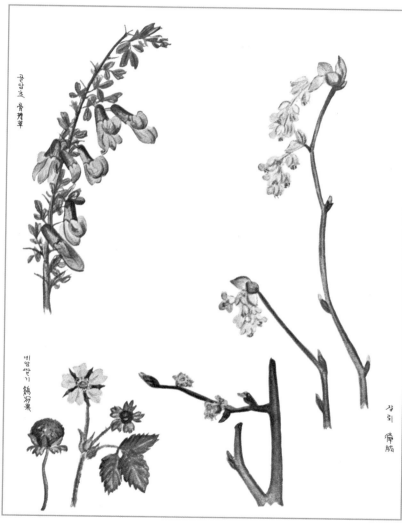

골담초 骨擔草

비암딸기 鷄冠果

상리 櫻腦

골담초는 낮은 산비탈에서 흔히 찾아볼 수 있다.
뿌리는 술에 졸여서 먹으면 무릎 관절염에 효과가 있으며 장수식품으로도 알려져 있다.
꽃잎은 약간 신맛을 가지고 있는데 떡을 만들 때 함께 버무려 넣어 약용으로 먹기도 한다.

장뇌는 관목수이다. 장뇌의 열매에서 짜낸 기름은 호롱불의 재료나 약재로 쓰여진다.

야생장뇌는 예로부터 감기에 잘 듣는 약재로 널리 애용되어 왔다.
마른 이파리는 장롱에 넣어 좀을 예방하는 데 쓰인다.

뱀딸기는 어린이들과 스님들에게 사랑받는 먹거리이며 중딸기라고도 불린다. 이파리는 지혈제
로 쓰인다.

The China Peatree is found on the lower mountain-slopes. The roots
are boiled in beer('soule') until candied, and eaten for rheumatism in
the knees. It is also belived to insure long life. The flowers have a
sour taste. Mixed in bread, they are eaten as a medicine.

Mountain Witch-hazel is a shrub. Its bean produces an oil which is
burned in the old Korean lamps, and also is used as a medicine.

Wild Camphor is splendid for colds, as the old Korean doctor knows.
Its dried leaves in clothes chests keep away the moth pest.

Snake berries are eaten by the children and also by the buddhist
priest —hence also 'Priest-berry.'
The leaves are put on cuts to stop bleeding.

▌ 골담초(골담초 金雀花)

쌍떡잎식물 장미목 콩과의 낙엽 관목. 산지에서 자란다. 높이 약 2m이다. 위쪽을 향한 가지는 사방으로 퍼진다. 관상용으로 정원에 흔히 심는다. 한방에서는 뿌리를 말린 것을 골담근이라 하는데 진통·통맥의 효능이 있어 고혈압·타박상 신경통 등에 처방한다. 한국(경상북도·경기도·강원도·황해도), 중국 등지에 분포한다.

▌ Caragana Chamlagu, Bunge; China Peatree, 'Bone Carrying Herb.'

▌ 장뇌(장뇌 樟腦)
    쌍떡잎식물 장미목 조록나무과의 낙엽관목. '송광납판화' 라고 부르기도 하였다. 높이 1~2m이고 작은 가지
    는 황갈색 또는 암갈색이며 피목(皮目)이 밀생한다. 겨울눈은 2개의 눈 비늘로 싸여 있다. 잎은 어긋나고 달걀
    모양의 원형이며 밑은 심장형이다. 관상용 · 땔감으로 이용한다. 한국 특산종으로 지리산지역에서 자란다.
▌ corylopsis koreana, Uyeki; Mountain Witch-Hazel, 'Camphor.'

▍ 야생장뇌
▍ Lindera obtusiloba, Bl; Wild Camphor.

■ 뱀딸기(배암딸기 鷄冠果)
풀밭이나 논둑의 양지에서 자란다. 덩굴이 옆으로 뻗으면서 마디에서 뿌리가 내린다. 잎 가장자리에 이 모양의 톱니가 있고 뒷면에는 긴 털이 난다. 꽃은 4~5월에 노란색으로 피며 잎겨드랑이에서 긴 꽃줄기가 나와서 끝에 1개의 꽃이 달린다. 열매는 수과로서 6월에 익으며 둥글고 지름 1cm 정도로 붉게 익으며 먹을 수 있다. 한국, 중국, 일본, 말레이시아, 인도 등지에 분포한다.
■ Duchesnea indica, Focke; Snack Berry, 'Snack Berry.' 'Priest-berry.'

만준뽕이꼿

오랑캐꽂
堇

오랑캐꽃은 이른 봄에 아무 곳에서나 천하게 흐드러져 있는 꽃이라 하여 오랑캐꽃이라는 이름을 얻었다.

옛날에 들판에 둥지를 튼 종달새가 하늘높이 떠올라 노래를 부르고 있었다.
작은 **제비꽃** 하나가 하늘에서 지저귀고 있는 종달새에게 마음을 뺏겨 그를 바라보려고 목을 빼고 올려 보다가 뒤로 넘어지는 바람에 절름발이 난쟁이가 되어 버렸다. 그 후 사람들이 그 꽃을 '작은 절름발이 꽃'이라고 부르게 되었다.

어린이들은 제비꽃 두 개를 서로 엮어 잡아당기는 장난을 하고 논다.
아이들에게는 제비꽃이 '레슬링 선수'로 여겨지나 보다.

제비꽃을 찧어 바르면 종기가 낫는다. 또한 이파리는 손톱을 물들이는 데 쓰인다.

'Savage Flower,' because the violet blooms early in the spring, anywhere and in any kind of soil-as wild, says the Korean, as a savage.

Once upon a time, the sky-lark built its nest in the field and then soared high in the sky. the little violet was so interested in watching the sky-lark as it darted up and down, that she fell over backwards and became a dwarfed cripple. Hence she is called the 'Little Lame Flower.'

Korean children hook toghter two violet heads and then pull. To them she is the 'Wrestler.'

A violet poultice is used for boils. Also nail polish is made from the leaves.

▌ 호제비꽃
▌ Viola yedoensis, Makino.

▌ 제비꽃
▌ Viola manchurica, Becker,
  var. albida, Nakai.

▌ 알록제비꽃
▌ Viola variegata, Fischer ;
  (Variegated Violet.)*

▌ 제비꽃은 '장수꽃', '앉은뱅이꽃' 이라고도 한다. 들에서 흔히 자란다. 어린 순은 나물로 먹는다. 풀 전체를 해
  독 · 소염 · 소종 · 지사 · 최토 · 이뇨 등의 효능이 있어 황달 · 간염 · 수종 등에 쓰이며 향료로도 쓰인다. 꽃말
  은 겸양(謙讓)을 뜻하며, 한국 · 중국 · 일본 등지에 분포한다.
▌ *Common names in parenthesis are translations from the Latin.

▌ 제비꽃
▌ Viola xanthopetala, Nakai ;
  Yellow Violet.

▌ 제비꽃
▌ Viola manchurica, Becker.

▌ 제비꽃
▌ Viola Sieboldiana, Makino ;
  Dog Tooth.

▌ 제비꽃
▌ Viola Rossi, Hemsley ; Great-
  spurred Violet.

▌ '장수꽃', '병아리꽃', '씨름꽃', '앉은뱅이꽃' 이라고도 한다. 들에서 흔히 자란다. 어린 순은 나물로 먹는다. 풀 전체를 해독 · 소염 · 소종 · 지사 · 최토 · 이뇨 등의 효능이 있어 황달 · 간염 · 수종 등에 쓰이며 향료로도 쓰인다. 꽃말은 겸양(謙讓)을 뜻하며, 한국 · 중국 · 일본 등지에 분포한다.

▌흰젖제비꽃
▌Viola lactiflora, Nakai ;
　(Milk-white Violet.)*

▌흰털제비꽃
▌Viola hirtipes, S. Moore ;
　(Downy Violet.)*

▌장수꽃, 병아리꽃, 씨름꽃, 앉은뱅이꽃이라고도 한다. 들에서 흔히 자란다. 어린 순은 나물로 먹는다. 풀 전체를 해독 · 소염 · 소종 · 지사 · 최토 · 이뇨 등의 효능이 있어 황달 · 간염 · 수종 등에 쓰이며 향료로도 쓰인다. 꽃말은 겸양(謙讓)을 뜻하며, 한국, 중국, 일본, 등지에 분포한다.
▌* Common names in parenthesis are translations from the Latin.

▌오랑캐꽃
▌Viola manchurica, Becker.

▌고깔제비꽃
▌Viola Rossi(as above).

▌털제비꽃
▌Viola phalacrocarpa,
  Maximowicz.

▌장수꽃, 병아리꽃, 씨름꽃, 앉은뱅이꽃이라고도 한다. 들에서 흔히 자란다. 어린 순은 나물로 먹는다. 풀 전체
  를 해독·소염·소종·지사·최토·이뇨 등의 효능이 있어 황달·간염·수종 등에 쓰이며 향료로도 쓰인다.
  꽃말은 겸양(謙讓)을 뜻하며, 한국, 중국, 일본, 등지에 분포한다.

우전화 杜鵑花

산람초 山躑草

진달리꽃

천남성

산란초는 산속의 바위틈 사이에서 흔히 찾아볼 수 있다.
"6월에 산란초 물에 머리를 감으면 머리가 길게 자랄 것이다."라는 말이 있다.
뿌리는 그릇을 닦는 수세미로 애용된다. 그리고 심장이 약한 사람들을 위한 강장제로도 널리 쓰인다. 말린 줄기는 가루 내어 벌레를 없애는 데 사용된다.

두견화의 이름에는 이러한 사연이 담겨있다.
옛날 만챠이 왕이 다른 나라를 방문하는 동안 커다란 황구에 잡혀 죽게 되었다. 그 후 왕은 새로 다시 태어났는데 항상 "푸여꾸, 푸여꾸" 하는 소리로 울고 다녔다.
그 뜻은 "이런 일은 없었을 텐데, 이런 일은 없었을 텐데"라는데, 속뜻인즉슨 "내가 내 나라로 돌아가기만 했더라도 이런 망측한 일은 없었을 텐데."라고 한다. 피를 토하는 듯 울어대는 그 새의 목에서 뱉어낸 붉은 피가 진달래꽃에 떨어져 물이 들었다고 한다.
진달래의 뿌리는 늑막염 치료에 널리 쓰이는 민간요법 약재이지만 그 효능에 대해서는 의사들의 확인은 받지 못하고 있는 것 같다.

철남성은 논둑에 있는 잡초들 사이에서 발견할 수 있다. 봉우리는 식초에 끓이면 독성이 강한 약이 되는데, 소량만 복용하는 경우 멍든 곳이나 염증 혹은 가래에 효능이 있다.

Manchurian Iris is found on the mountains, often in the clefts of the rocks. A Korean beauty note says, "If you wash your hair in Iris water in June, it will grow very long." The roots of the Iris are used for scrubbing pots pans. They are also a tonic, especially recommended for the feebleminded. The dried stems are ground and used as an insect powder.

The Goat-sucker Bird flower (Tugyen)is so called from the following story:
A long time ago, king Manchai, while visiting in the Middle KIngdom, was slain by the giant Whangoo. The king's soul was re-incarnated in this bird, whose cry was "Poo-yer-que, Poo-yer-que," meaning "It might not have been, It might not have been." The implication was :" Had I returned to my own kingdom, this catastrophe would have been averted." The anguish of the bird's cry wrung from its throat drops of blood, which fell upon the azalea and spotted it.
Azalea roots are a household remedy for pleurisy, though not recognized by the native doctors.

Jack-in-the-Pulpit is found on grassy banks bordering the rice fields. The bulbs, boiled in vinegar, furnish a poisonous medicine which, in small doses, is said to be efficacious for bruises, infections, and phlegm in the throat.

■ 산란초(산란초 山蘭草)
　산지 풀밭에서 자란다. 잎은 길이 30cm, 나비 2~5mm로 칼 모양이다. 관상용으로 정원에 심는다. 한국, 일본 남부, 중국 북동부 및 북부 등지에 분포한다. 붓꽃과에 속하는 다년생 초본식물. 붓꽃이라는 이름은 꽃 봉우리가 벌어지기 전의 모습이 붓과 비슷하여 붙여진 이름이다. 들과 산기슭에 자라며 소화불량, 치질, 옹종들의 치료제로 사용된다.
■ Iris Rossi, Baker ; Manchurian Iris.

▌두견화(두견화 杜鵑花)
　진달래과에 딸린 낙엽작은키나무. 잎에 앞서 4월에 분홍색 꽃이 피며 열매는 가을에 익는다. 관상용으로 심기도 한다. 꽃은 이른 봄에 꽃전을 만들어 먹거나 두견주를 담그기도 한다. 한방에서는 꽃을 영산홍이라는 약재로 쓰는데, 해수·기관지염·감기로 인한 두통에 효과가 있고, 이뇨 작용이 있다. 한국, 일본, 중국 등지에 분포한다.
▌Rhododendron poukhanense, Leveille & Vaniot; Mountain Azalea, 'Goat-sucker Bird Flower.'

■ 진달래꽃(진달내꽃)

　상록 관록 교목. 잎의 질은 단단하고 약간 두꺼우며 표면에 광택이 있다. 잎의 빛깔에 따라 크게 구별한다. 품
　종에 따라 잎 빛깔의 진하고 엷음에 차이가 있고 주름에도 변화가 있으며, 어린잎이나 어린 싹의 뒷면에는 부
　드러운 털이 있다.

■ Rhododendron poukhanese(as above).

철남성

■ 철남성(철날성)
　끼무릇, 소천남성, 법반하라고도 한다. 밭에서 자란다. 높이 30cm 정도이다. 지름 1cm 정도의 알뿌리에서 1
～2개의 잎이 자란다. 꽃은 노란빛을 띤 흰색이고 열매는 녹색 장과이다. 알뿌리에 독성이 있으나 한방에서는
거담·진해 등의 효능이 있어 구토, 설사, 임신 중의 구토에 사용한다. 한국, 일본, 중국에 분포한다.
■ Pinellia ternata, Breitenb ; Jack-in-the-Pulpit.

진달래꽃　杜鵑花

불꽃 진달래는 흔치 않은 꽃으로서 이 꽃을 기를 때에는 쌀로 빚은 술을 물에 섞어서 주면 잘 자라난다.
독성이 가장 강한 꽃이기도 하다.

"연분홍 진달래 봄바람에 흩날린다.
부드러운 바람결에 고개를 숙이고 있구나!
노란 꿀벌이 노래를 부르며 하늘로 치솟는구나.
너의 아름다움이 하얀 나비에게 전해질 수 있도록."

분홍 진달래는 고산지대나 사람의 손이 닿지 않는 절벽 위에서 5월의 마지막을 장식하려는 듯 화려한 자태를 뽐내며 탐스럽게 피어난다.
옛시인이 다가갈 수 없는 꽃의 모습에 반해 시를 읊었다.

"진달래야, 진달래야, 하필이면 왜 절벽 위란 말이냐!"

이 꽃에서 배어나오는 독성을 지닌 끈적끈적한 점액은 파리를 잡는 데 쓰인다.

Forsythia everywhere portrays the coming Spring. In the old days, crowns of its golden blossoms were placed by the kings on the heads of chinese Scholars, when they successfully passed the civil examinations, entitling them to official rank.
Once a poet took a journey into a far country, leaving his wife, his concubines and his slaves behind. on his return, he found all had despaird of him and fled, save only his faithful wife, Whose beauty he now appreciates for the first time, as he sings:

"In the late spring the canaries come,
The Farsythia fades and the Apricat falls:
but the bamboo shade of my mountain home
Fore'er abides, – My love, My All."

Raphiolepis is a shrub found on the island of cheju and in the archipelago off the of Korea. The tong Oil from this plant is used in making varnishes.

Ragwort, in Korea, is a vegetable, – roots, stem and seeds. It has, of course, a very bitter taste, but the plant is cut and eaten with 'bread' (the Korean's 'cake')at the time of the ancestral sacrifice, in much the same way as the Hebrew's "bitter herbs" with his "unleavened bread." Hence the Korean proverb : "for the faithful, after the bitter comes the sweet."

■ 진달래꽃(진달네꽃 杜鵑花)
■ Rhododendron obtusum, Planchon ; Flame Azalea.

■ 분홍 진달래꽃
■ Rhododendron Schlippenbachii, Maximowicz ; Pink Azalea.

붉은 진달래꽃
Rhododendron poukhanense, Leveille & Vaniot, Rose Azalea.

복숭아 桃

잉도 櫻桃

복숭아꽃은 산속의 외떨어진 절에서 흔히 찾아볼 수 있다.

웅장하고 유서 깊은 절들일수록 속세에서 더욱 멀리 떨어져 있다. 중국의 진나라 시대에(기원전 255~209년 사이) 통치자의 눈 밖에 난 선비들은 깊은 산속으로 피난을 가 복숭아 꽃나무를 많이 심었다고 한다. 한 어부가 강둑을 거슬러 올라가다가 활짝 핀 복숭아꽃을 보고는 "이곳이 바로 천국이로구나." 라고 감탄하였다는 이야기도 있다. 또 다른 이야기로는 용감한 탐험가들이 깊은 산골짜기를 거슬러 올라가고 있었는데 첫째, 둘째, 셋째, 넷째 골짜기가 깊어갈수록 꽃의 아름다움은 극치를 더해 갔다. 다섯 번째 골짜기에 다다라서는 이제는 더 이상 아름다움이 있을 수 없다고 판단하여 그곳에 머무르기로 결정하였다. 하지만 그 산 속에는 모두 아홉 개의 골짜기가 있었는데 가장 험난하고 깊은 아홉 번째의 골짜기에 가장 아름답고 화려한 복숭아 꽃나무가 있었다.

이 이야기의 숨은 교훈은 "학문을 함에 있어 표면적인 즐거움만으로 만족하는 자는 학문 속에 숨어 있는 아름다움을 알지 못하리라."는 것이라고 생각된다.

옛 시인이 읊었다.

> "그녀의 아름다운 볼
> 아침 이슬에 씻기운
> 피어나는 복사꽃 같아라."

씨는 갈아서 먹으면 기침에 좋고 상처나 멍든 곳을 치료하는 데에도 효과가 있다.

옛날부터 장독대를 놓아두는 뒷마당의 담벼락 앞에는 앵두나무를 심었다.

먼 길에서 돌아온 지아비의 밥상 위에는 앵두나무 밑에 둥지를 이루고 있던 닭이 잡혀 올려지곤 했다. 한 군인의 아내가 한숨을 짓는다.

> "앵두꽃이 다섯 번이나 피고 지었건만
> 나의 님은 어이하여 못 오시는가?"

Flowering Peach Trees are often found at buddhist Temples. These are located in secluded mountain recesses. The more elaborate and important the temple, the more secluded and remote its location.

In the days of Chin Nara(255~209 B.C.)oppression of the people by their rulers was so great that the higher classes were forced to take refuge in the mountains, where they planted the Flowering Peach. Fishermen, winding their way up the narrow streams, amazed at the beauty of these flowering Peach. Fishermen, winding their way up the narrow streams, amazed at the beauty of these flowering trees, said, "Surely this is paradise." More intrepid wanderers climbed the steep ravines into the second, third, and fourth 'upper valley,' each prettier than the last, in the abundant glory of the these trees. When they reached the fifth valley, these fishermen were so impressed that they decided to remain there, for they could imagine nothing prettier. But there were nine such 'valleys,' and it was known. The moral drawn from this tale is : " He who is satisfied with the first delights of chinese lerning will never know the profound beauty of its hidden misteries."

The poet say, "Her cheek is as beautiful as the Flowering Peach, bathed in morning dew."

The crushed seeds are used as a cough medicine, and also for cuts and bruises.

It is customary to plant cherry bushes behind the wall in the court-yard surrounding the pickle jars. When the husband returns from a far journey, the chicken that nests beneath the cherries is killed for his welcoming feast. The wife of a soldier sighs: "though the cherries have bloomed five times, Oh why dose my husband not return?"

▌복숭아(복숭아 桃)

　'도자(桃子)' 라고도 한다. 맛은 달고 시며 성질은 따뜻하다. 과육이 흰 백도와 노란 황도로 나뉘는데, 생과일로는 수분이 많고 부드러운 백도를 쓰고, 통조림 등 가공용으로는 단단한 황도를 쓴다. 전 세계에 약 3,000종의 품종이 있으며 한국에서는 주로 창방조생, 백도, 천홍, 대구보, 백봉 등을 재배한다. 알칼리성 식품으로서 면역력을 키워 주고 식욕을 돋운다.

▌Prunus persica, Batsch ; Flowering Peach.

▌ 앵두(잉도 櫻桃)
한방에서는 앵두가 청량제이고 '앵도(櫻桃)'· '차하리'· '천금' 이라고도 한다. 공 모양으로 6월에 붉게 익으며 새콤달콤한 맛이 난다. 고려 때부터 제사에 공물로 쓰거나 약재로 썼다. 중국이 원산지로서 한국, 일본 등지에 분포한다.

▌ Prunus tomentosa, Thunberg; Korean Cherry.

민화 속에 보이는 앵두꽃 (국립민속박물관 소장)

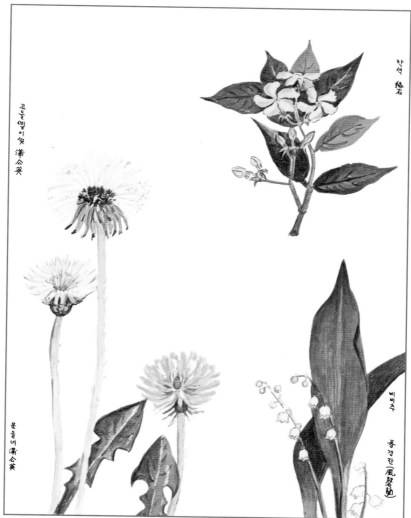

라색 絡石

고들빼기꽃 蒲公英

문들네 蒲公英

비비추

풍경란 (風磬蘭)

마을에 피는 꽃 중에 으뜸인 **민들레**는 한국 전역에서 발견된다. 민들레 잎은 야채로 먹는다.

쟈스민 중에서 가장 아름답고 달콤한 향기를 가진 락석은 한국에서 바위와 나무 위에 야생으로 자라난다.

풍경란은 울퉁불퉁한 한국의 산에서 발견되는데, 특히 친근한 바위의 그늘에서 발견된다. 옛 관습에 따르면, 한국의 신부들은 대중 앞에 모습을 드러내지 않고, 풍경란이 잎 뒤에서 고개를 살짝 내밀 듯이 나이 많은 여인의 어깨 너머로만 세상을 엿보았다. 풍경란은 거인의 피가 만들어낸 수정이라고 일컬어진다. 이에 얽힌 이야기는 다음과 같다. 옛날 옛적에 힘이 센 거인이 전국을 떠돌며 수많은 전투에서 막강한 힘을 증명하고 있었다. 어느날 그는 한국 북방에 있는 산에 올랐다. 그 산은 인간의 발자국이 닿은 적이 없는 곳이었고, 숲은 너무나 **빽빽**하여 천 년 동안 한 번도 햇빛이 깃들지 못한 곳이었다. 거인은 이곳에서 돌을 베개 삼고 나뭇잎을 이불 삼아 쉬어가고자 하였다. 하지만 그는 그곳이 눈은 유리와 같이 반짝이고 비늘은 쇠와 같이 빛나는 화룡(火龍)의 보금자리라는 것을 알게 되었다. 용의 이빨은 날카롭고 뾰족했고, 입에서는 불이 뿜어나와 풀과 나무를 태웠다. 거인은 이 용과 싸웠다. 그의 검이 용의 무쇠와 같은 비늘을 칠 때마다 그 소리는 종이 울리는 것 같았다. 거인과 용의 싸움은 길고 격렬하게 이어져 거인의 검이 초승달처럼 휘어질 때까지 계속되었다. 그때, 거인이 용의 목을 베어버렸다. 용의 입에서 나오던 불은 꺼졌고, 용은 결국 죽었다. 거인은 몹시 피곤하고, 멍들고 피를 흘리고 있었지만, 자신의 가장 위대한 승리에 기뻐하고 있었다. 그가 산을 내려가면서 멈추는 곳마다 풀과 꽃들이 시들어갔으나, 그의 피가 떨어진 곳에는 마치 거인의 힘에 대하여 사람들에게 고증을 하려는 듯이 풍경란이 피어났다. 이리하여 이 꽃에는 매우 희귀한 향내가 주어졌다.

한국에서 절이나 조상의 신주를 모신 사당 지붕의 모서리에는 바람이 불 때 울리는 풍경란 모양의 작은놋쇠 종이 매달려 있다. 그 모양이 꽃과 유사하여 꽃에 "절의 종"이라는 이름이 붙여졌다.

Dandelion, king of village flowers, is found everywhere in Korea. Its leaves are eaten as a vegetable.

Climbing Dog-bane, the loveliest of jasmines, with the sweetest fragrance, grows wild over the rocks and trees of Korea.

Lily-of-the-Valley, in this Topsy Turvy Land, is found on the mountain, nestling in the shade of a friendly rock. The Korean Bride, according to old custom, never appeared in public, but timidly peeped out at the world from behind the shoulder of some older woman, like this lily from behind its leaf.

Lily-of-the-Valley is said to be a crystal made from the blood of a giant. The story is : Once a mighty giant went over the land proving his great power in many battles. Finally he climbed a very high mountain in Northern Korea, where no human foot had trod where the forest was so dense that for a thousand years the sunshine had not penetrated it. Here he hound a rock for his pillow and leaves for cover, and tried to rest. He soon discovered that he was in the home of the Fire Dragon, whose two eyes sparkled like glass and whose scales shone like steel. His teeth were sharp and pointed, and fire came from his mouth, so that the grass and trees were burnt before him. This giant fought with the Fire Dragon, and when his sword struck the steel scales it sounded like the ringing of bells. The struggle was long and fierce, until his great sword was bent like the new moon, and then the giant was able to cut the Dragon's neck. The fire was quenched in the Dragon's mouth and he died. The giant was weary, bruised and bleeding, but happy over this, his greatest victory. As he descended the mountain, wherever he stepped, the grass and flowers withered; but wherever his blood dropped, the Lily-of-the-Valley sprang up to tell the people the story of the giant's power. And thus to this flower was given the rarest of perfumes.

Under the corners of the tile roofs of temples and ancestral shrines in Korea, hang small, lily-shaped brass bells, which ring with every gust of wind. The similarity of shape has given the flower the name, 'Temple-bells.'

▌고들뱅이꽃(ㄱㄷㅌㅅㅏㅇㅣㅅ 蒲公英)
▌Taraxacum koreanum, Nakai ; White Dandelion.

■ 민들레(믄들네 蒲公英)

볕이 잘 드는 들판에서 자란다. 줄기는 없고, 잎이 뿌리에서 뭉쳐나며 옆으로 퍼진다. 잎은 거꾸로 세운 바소꼴이고 길이가 6~15cm, 폭이 1.2~5cm이며 깃꼴로 깊이 패어 들어간 모양이고 가장자리에 톱니가 있고 털이 약간 있다. 봄에 어린잎을 나물로 먹는다. 민간에서는 젖을 빨리 분비하게 하는 약제로도 사용한다. 한국, 중국, 일본에 분포한다.

■ Taraxacum mongolicum, Handel-Mazzetti; Yellow Dandelion.

■ 락석(**락석 絡石**)

협죽도과의 상록활엽덩굴성나무로 '털마삭줄' 이라고도 한다. 길이는 2~3미터이며, 잎은 마주나고 긴 타원형이다. 5~6워에 노란색을 띤흰색꽃이 취산꽃차례로 피고 열매는 골돌과를 맺는다. 줄기와 잎은 약용한다. 우리나라 남부지방의 섬에 분포한다. 남쪽 섬에서 자라며 어린 가지 및 잎 뒷면에 털이 있다. 꽃은 백색이지만 황색으로 변한다. 원줄기와 잎은 마삭덩굴과 더불어 약용으로 한다.

■ Trachelospermum jasminoides, Lem. ; Climbing Dog-bane, 'Twine of the Rocks.'

■ 비비추(풍경란 風磬蘭)

잎의 모양이 옥잠화와 모양이 비슷하여 혼용하기도 하지만 다른 종의 식물이다. 옥잠화는 비비추보다 꽃이 약간 크고 흰색이지만, 비비추는 보라색의 꽃을 피운다. 산지의 냇가나 습기가 많은 곳에서 잘 자란다. 연한 순은 식용하며 관상용으로 심는다. 야생종은 한국, 일본, 중국 등지에 분포한다. 비비추는 원예종으로 다양한 품종이 개발되어 외국에서 정원식물로 인기가 높다. 흰색 꽃이 피는 것을 흰비비추라고 한다.

■ Convallaria keiskei, Miguel ; Lily-of=the-Valley, 'Temple Wind-bells.'

인삼꽃　人蔘花

개불알꽃과 산앵초는 지리산과 같은 깊은 산속에서 자생한다.
개불알꽃의 뿌리로 두통에 굉장히 효과적인 약을 만들 수 있다.

요즈음 산속에서 야생 인삼 즉 산삼을 발견하기란 거의 불가능하다.
산삼 한 뿌리만 캐서 팔면 온 가족이 상당 기간 동안 생계를 유지할 수 있을 정도로 희귀한 약
초이므로 이미 약초꾼들이 이 잡듯이 뒤져서 다 캐어가 버렸기 때문이다.
송도를 위시하여 몇몇 군데에서 대단위로 인삼밭이 주의 깊게 경작되고 있다.
이 인삼밭들은 금광 못지않은 철통 같은 감시를 받고 있으며 매년 많은 양의 인삼이 중국으로
수출되고 있다.
옛날 한국이 중국과 정부 간 무역을 할 당시에도 많은 양의 인삼과 한지가 중국정부에 의해 요
청되었다.
이 인삼뿌리는 멀리서 훔쳐보기만 하여도 기운이 돌고 아주 조금만 맛을 보아도 모든 질병이
사라지고 노인들에게 회춘이라는 새로운 삶을 가져다주는 만병통치약이다.

Ladies' Slippers and Primrose abound on Chiri-san and other high
mountains of the peninsula. A 'wonderful' headache cure is made from
the bulb of the Ladies' Slipper.

Wild Ginseng on the mountains of Korea is almost a thing of the past,
for the native medicine men have combed the hill-tops for this most
valuable of roots. The sale of a single root will support an entire
family for some time. Great fields of Ginseng are being carefully
cultivated near Songdo, and several other places in the land. These
fields are guarded as though they were gold mines and great
quantities of the roots are shipped yearly to China. In the days when
Korea paid tribute to China, Ginseng and rice paper where demanded
in great quantities. It is said that even to gaze upon the root will
often give renewed strength, and to eat even a tiny bit will cure many
a sickness and give new life to the aged-a panacea for all troubles-a
veritable Fountain of Youth!

개불알꽃
　'요강꽃', '작란화', '복주머니란' 이라고도 한다. 산기슭의 풀밭에서 자라며, 높이 25~40cm이다. 잎은 3~5개가 어긋나고 타원형이다. 5~7월 길이 4~6cm의 붉은 자줏빛 꽃이 줄기 끝에 1개씩 핀다. 열매는 삭과이며 7~8월에 익는다.

Cypripedium speciosum, Rolfe ; Ladies' Slipper.

▌큰앵초
잎은 근생하며 원신형 또는 신장상 심장형이고 가장자리가 얕게 7~9개로 갈라지며 톱니가 있다. 꽃은 홍자색
으로 통꽃이고 7~8월에 피며, 삭과로 길이 7~12mm이다. 우리나라 각지에 분포한다.

▌ Primula jessoensis, Miguel; Mountain Primrose.

인삼꽃(인삼꽃 人蔘花)
두릅과의 식물로 약용으로 재배된다. 여름에 꽃줄기가 나와서 끝에 연분홍의 꽃이 열린다. 강장, 강심, 진정제 등으로 쓰이며 신진대사가 원활하도록 도와준다. 항암 작용에도 효과가 있어 과학적인 연구가 진행되고 있다.
Panax Ginseng, Mey ; Ginseng.

▌민화 속에 보이는 모란 (국립민속박물관 소장)

히양회 海棠花

월기옷 月桂花

누른월게 黃月桂

설애나우옷

"명사십리 해당화야
꽃잎 진다 서러워 마라.
내년 봄, 세월 유수와 같이 흐르듯이
꽃잎 가득한 새 꽃 만발하려니."
                        -한국민요-

바닷가 모래 언덕에 탐스럽게 피어나는 해당화는 한국에서 여성미의 대명사로 통하는 꽃이다. 늙은 할머니들은 해당화의 아름다움이 스며들기를 기원하면서 자기의 손녀딸들을 데리고 해당화 나무 밑으로 가 그곳에서 놀게 하곤 하였다. 천하절색 양귀비가 해당화 곁에 서니 나비들이 그녀의 주위를 맴돌았다는 얘기도 있다.
옛날에 한 수려한 젊은이가 바닷가를 거닐다 '용궁'에서 올라온 아름다운 소녀를 만나게 되었다. 그녀를 사랑하게 된 그는 그녀에게 그 바닷가에서 다시 한 번만 만나 줄 것을 애원하였다. 기다리고 기다리던 어느 날 드디어 그녀가 모습을 나타내었으나 애절한 눈물을 흘리고 있었다. 그녀가 말하기를 용왕이 그의 신하와 그녀를 강제로 약혼시켜버렸다고 하였다. 그녀는 탈출한 것이 나중에 발각되어 진노한 용왕이 보낸 두 신하에 의해 끌려가 버리고 말았다. 그는 매우 슬퍼하며 떠났으나 다시 찾은 바닷가 그 자리에서 마지막 그녀가 서 있었던 자리에 빨간 해당화 꽃이 피어있는 것을 발견할 수 있었다.
월계꽃을 노래한 옛 노래가 있다;

"스승님의 대문간에 웅장하게 피어있네.
그 작은 월계꽃의 이름은 '환희'라네.
향기는 진동하고 아름다움은 찬란하구나.
대저택의 시원함과 촉촉함 속에서."

봄날 아이들은 월계꽃 가지를 즐겨 따먹는다. 여름에 올 더위를 막아준다고 믿는 까닭이다. 꽃잎은 말려서 가루로 내어 화장품으로 쓰인다. 북한 원산의 명사십리 해당화가 유명한데 강릉일대 해안에 집중적으로 심어서 관광명소를 시도해 보는 것도 좋겠다.

"Oh roses that bloom at Myung Sa Simme
Do not be sad when your petals fall,
Next Spring, as surely as the years do flee,
You shall have new flowers with petals and all."
–Korean Song.

The Red Rose, blooming along the sea-shore on the sand dunes, is the standard in Korea of feminine beauty. Grand-mothers take their grand-children to play beside it, that it might cast its spell of beauty o'er them! It is said that See Yang Gupi, the most beautiful of women, was so lovely that when she stood by this rose, the butterflies alighted upon her, by choice!
Once upon a time a handsome youth was walking along the sea-shore and saw a beautiful girl come up from the 'Water Kingdom.' He loved the sea-maiden and begged her to meet him again on the sands. He watched and waited for her return and one day, indeed she came, but in tears! She told her lover that the King had betrothed her to one of his lords. Her escape from the 'Water Kingdom' was discovered and the King sent two men to bring her back. The boy was very sad, and when next he visited the sea-shore he found this Red Rose, the Hai Tan Wha, *blooming where she had last stood.
There is an old song about the Pink Rose :

"By the Teacher's gate it lordly blooms
The Little Pink Rose called 'Chammy.' *
Its odor fills, its beauty looms
In palaces cool yet clammy."

Children love to eat the stem of the White Wild Rose in the Spring. If eaten in Summer, it is said to prevent "Heat." The petals of the flowers are dried and ground to a powder, which is used as a cosmetic.

*Hai Tan Wha means 'Sea-side Rose,' or 'Rose that blooms by the sea.'
**'Chammy' means 'Pleasure,' or 'Happiness' in Korean.

█ 해당화(히당화 海棠花)
　'해당나무', '해당과(海棠果)', '필두화(筆頭花)'라고도 한다. 바닷가 모래땅에서 흔히 자란다. 높이 1~1.5m
로 가지를 치며 갈색 가시가 빽빽이 나고 가시에는 털이 있다. 표면에 주름이 많고 뒷면에 털이 빽빽이 남과
동시에 선점(腺點)이 있다. 턱잎은 잎같이 크다. 관상용이나 밀원용으로 심는다. 어린 순은 나물로 먹고 뿌리
는 당뇨병 치료제로 사용한다. 향기가 좋아서 관상가치가 있다. 동북아시아에 분포한다. 줄기에 털이 없거나
작고 짧은 것을 개해당화, 꽃잎이 겹인 것을 만첩해당화, 가지에 가시가 거의 없고 잎이 작으며 잎에 주름이
적은 것을 민해당화, 흰색 꽃이 피는 것을 흰 해당화라고 한다.
█ Rosa rugosa, Thunberg ; Korean Red Rose, 'Sea-side Rose.'

■ 누른월계(누른월게 黃月桂)
중국이 원산지이며, 관상용으로 인가 부근에서 많이 재배한다. 높이는 약 3m이다. 가지 끝이 휘어서 밑으로 처지고 곧은 가시와 굽은 가시가 있다. 작은 가지는 암갈색이며 가시가 많다. 잎은 어긋나고 깃꼴겹잎이다. 작은 잎은 타원형 또는 달걀을 거꾸로 세운 모양으로 길이 2~20mm이고, 끝은 둥글며 밑은 뾰족하고 잔 톱니가 있다. 한국(경북·충북·경기·평북·함남), 중국, 몽골 등지에 분포한다.
■ Rosa xanthinoides, Nakai ; Korean Yellow Rose, 'Yellow Moon Rose.'

▌ 월계꽃(월계옷 月桂花)

높이 1.5~3m이다. 가시가 드문드문 있고, 가지는 녹색이며 곧게 선다. 꽃잎은 달걀을 거꾸로 세워놓은 듯한 둥근 모양이고 밑동은 흰색이다. 수술은 노란색이고 암술은 우윳빛을 띤 흰색이다. 열매는 수과로서 둥글고 9월에 붉게 익는다. 번식은 꺾꽂이로 한다. 중국이 원산지이며 관상용으로 들여온 귀화식물이다. 향기가 있어 화장품의 원료로 쓰고 밀원식물이다. 한방에서는 열매를 보익(補益) 등에 약재로 쓴다. 추위에 강하므로 개량 장미의 대목(臺木)으로 사용한다. 한국, 중국 등지에 분포한다.

▌ Rosa indica, Lindley; Korean Pink Rose.

▌ 찔레나무꽃(^{설애나무꽃})
줄기 높이 1~2m이고 잎은 어긋난 깊골 모양으로 작은 잎은 달걀 모양으로 되어 있다. 꽃은 5월에 핀다. 한국, 중국 등에 분포한다.
▌ Rosa Maximowicziana, Regel; Pink Wild Rose. / White Wild Rose

꽃말 부귀영화

모란 牡丹

"부자거나 가난하거나, 고귀한 자거나 비천한 자거나
꽃 나라의 왕이시여,
당신의 씨앗은 학의 날개처럼 널리 퍼져
봄날 단비에 당신의 꽃잎은 붉은 빛을 띠우고
천국의 달콤한 향기와 빛나는 제국처럼
산속의 화려한 모란이여!"

모란의 뿌리는 신경통 약재나 요통 약으로 널리 쓰여 한 줌의 뿌리라도 상당한 값이 나간다. 뿌리는 또한 염색약으로도 쓰인다. 고고한 꽃 위에는 나비도 감히 접근하지 못한다고 알려지고 있다.

한 농부의 딸이 이 모란을 아꼈다. 언제나 고된 농사일에 시달려야 했지만 모란꽃이 필 때면 그녀는 항상 노래를 부르며 즐거워하였다. 그러나 꽃잎이 지고 나면 그녀의 일과는 또다시 괴로움의 연속이었다.

하루는 그녀가 한 절을 방문하였을 때 벽에 걸린 모란의 그림을 보게 되었다. 그 후로 그녀는 일과가 끝나기를 기다려 그 절로 달려가곤 하였다. 그 모란꽃 그림의 반대편 벽에는 어떤 어여쁜 소녀의 그림이 걸려있었는데 하루는 그림 속의 소녀가 입을 벌려 그녀에게 이름이 무엇이냐고 물었다.

그녀는 자신이 꿈을 꾸는 것이라고 생각하면서도 자신의 이름이 '항영'(붉은 꽃이라는 뜻)이라고 답하였다. 그리고는 그림 속의 소녀에게 그녀의 이름을 되물었고 그 소녀는 자신의 이름을 '서은홍'(가장 아름다운 모란)이라고 말하였다.

그 후 그 둘은 가장 친한 사이가 되었다.

'붉은 꽃' 소녀는 그림의 소녀에게 자신이 가장 아끼는 금 귀걸이 한쪽을 선물하면서 말했다;
"이 귀걸이가 행운을 가져다 줄 테니 잘 간직하도록 해."

그러자 그림 속의 소녀가 사라져 버렸다.

그 후로 '붉은 꽃' 소녀는 힘들 때나 슬플 때 나머지 귀걸이 한 짝을 들여다보며 시름을 달래었다.

"For rich and poor, for High and Low,
On Ruler of the Flowery Kingdom,
Your seed pods spread, like the wings of the crane,
Your leaf's deep red, after Spring's first rain,
With Heaven's sweet smell and the Nation's glow
Rich Peony of the Mountain!"

The Tree Peony's roots are considered so valuable, as a nerve tonic and for backache, that a handfull of its roots is worth several Yen. The roots are also used in making dyes. It is said that the butterfly will not light on this royal flower!

A farmer's daughter loved the red peony dearly. She had to work hard all day, but when the peonies bloomed she was always singing and happy. When they faded, her life was all drudgery once more. Once she visited a Buddhist temple and there spied a picture of the lovely red peony hanging on the wall. After this she would often go to the temple when her work was done to see this picture. On the opposite wall of this room was a picture of a beautiful girl, and one day the picture girl spoke to the farmer girl and asked her name. The girl thought she must be dreaming, but answered : 'Hang Yeng' (Red Flower). She then asked the picture girl her name and was told 'Sur Oun Hong' (Most Beautiful of Peonies). This caused a great love between these two girls. 'Red Flower' gave the picture girl one of her most prized golden ear rings, saying: "Don't lose this ear ring, for it will make you happy." Then the picture girl disappeared! After this when 'Red Flower' was sad or tired she would look at her one remaining gold ear ring and be happy.

▌ 모란(옥난 牧丹)

높이 2m이며 각처에서 재배하고 있다. '함박꽃' 이라고도 한다. 가지는 굵고 털이 없다. 잎은 3엽으로 되어 있고 작은 잎은 달걀 모양이며 2~5개로 갈라진다. 많은 재배품종이 있으며 뿌리껍질은 소염 · 두통 · 요통 · 건위 · 지혈 등에 쓴다. 모란을 심는 적기는 10월 상순~11월 상순이며 토양은 메마르지 않는 양토(壤土)가 적당하다. 번식은 실생(實生), 포기나누기, 접붙이기의 3가지 방법이 있다. 모란의 종류는 발달 과정에 따라 중국종 · 일본종 · 프랑스종의 3계통으로 구분하고, 개화기에 따라 보통종과 겨울모란으로 나눈다. 꽃말은 '부귀' 이다.

▌ Paeonia suffruticosa, Andrews ; Tree Peony, 'King of Flowers,'

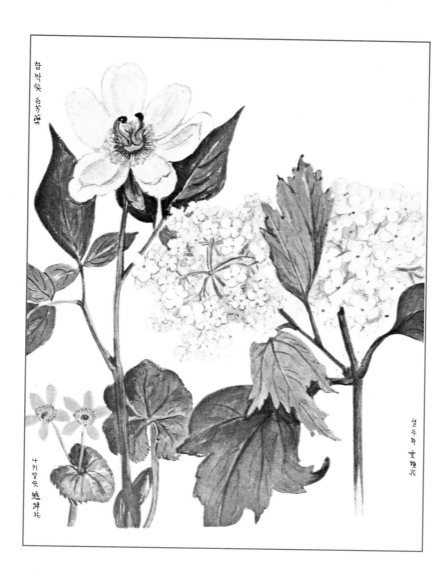

함박꽃 白芍藥

설구화 雪毬花

꿩의밥꽃 鹽膚花

금잔화는 5월의 산에서 볼 수 있다.

흰 산모란은 지리산 같은 고산 지대에서 볼 수 있다.
뿌리는 붉으며 분홍 모란은 뿌리가 희다.
약초꾼들에 의하면 붉은 뿌리는 적혈구를 보강하고 흰 뿌리는 백혈구를 보강한다고 전해지고
있다.

가막살나무꽃은 눈보다도 더 흰빛을 발해 눈의 질투를 사고 있어 '질투의 꽃'이라고도 불리운다.
동양에서 흰 꽃은 그다지 환영받지 못하는데 그래도 이 꽃은 나름의 개성이 있다고 여겨지며
사람들은 "아무리 잘난 여자라 하더라도 자신의 남편에게는 미치지 못한다"는 의미로 "꿀벌도
가막살나무꽃은 찾아준다네."라고 말한다. '설두화', '불두화'라고도 한다.

Crow's Foot is found on the mountains in May.

White Mountain Peony abounds on Chiri—san the higher mountains of
the peninsula. Its roots are red, while the roots of the Pink Peony
(Paeonia albiflora) are white, hence the native Medicine Man
prescribes the red roots to build red blood cells and the white roots
where white corpuscles are supposed to be deficient.

The Snow Ball, being whiter than snow, provokes the snow to jealousy,
hence it is often called 'Jealousy Flower.' A white flower, in the East, is
not considered pretty, though this one has 'character,' Says the Korean
proverb : "The bees even take honey from the snow—ball," the
interpretation being that a worthy, though homely girl need not despair
of a good husband!

▌ 나귀발꽃(나귀앗 驢蹄花)

　'동이나물', '입금화(立金花)' 라고도 한다. 습지에서 자란다. 흰색의 굵은 뿌리에서 잎이 뭉쳐난다. 잎은 심장 모양의 원형 또는 달걀 모양의 심원형이며 길이와 나비가 각각 5～10cm로서 가장자리에 둔한 톱니가 있거나 밋밋하다. 꽃은 꽃잎이 없으며 꽃받침 조각이다. 꽃은 4～5월에 피고 황색이며 꽃줄기 끝에 1～2개씩 달리고 작은 꽃가지가 있다. 열매는 골돌(蓇葖)로 4～16개씩 달리고 길이가 1cm 정도이며 끝에 암술대가 붙어 있다. 옆 으로 비스듬히 서는 것을 눈동의 나물이라고 한다.

▌ Caltha palustris sibrica, Regel ; Marsh Marigold, Crow's Foot, 'Donkey Foot.'

▌ 함박꽃(함박꽃 白芍藥)
　목련과의 낙엽 활엽 소교목. 높이는 7m 정도이며, 잎은 어긋나고 긴 타원형으로 광택이 난다. 5~6월에 흰색
의 큰 꽃이 밑을 향해 피고 열매는 골돌과(蓇葖果)로 9월에 익는다. 관상용이고 깊은 산의 중턱 골짜기에서 자
라는데 함북을 제외한 한국 각지와 일본, 중국 등지에 분포한다. 미나리아제비과에 딸린 여러해살이식물, 키
는 50~80cm이고 뿌리가 방추형이며 굵은데 자르면 붉은빛이 도는 까닭에 적작약이라 한다. 뿌리는 진통제
및 부인병에 사용한다. 본래 한랭한 기후를 좋아하며 우리나라 각지에서 잘 자란다.
▌ Paeonia albiflora, Pallas; White Mountain Peony.

▌ 설두화(설두화 雪頭花)

　‘분화목(粉花木)’이라고도 한다. 산기슭 양지에서 자란다. 높이는 2m 정도이고, 작은 가지와 겨울눈에 털이 빽빽이 난다. 잎은 마주나고 달걀 모양 또는 원형이며 길이 3~10cm이다. 양면에 털이 빽빽이 나며 가장자리에 불규칙한 톱니가 있고 잎자루는 길이 5~10mm이다. 꽃은 4~5월에 잎과 동시에 핀다. 꽃은 지름 1~1.4cm이고 연한 자줏빛을 띤 홍색을 띠며 향기가 있다. 관상용으로 심으며 도시 내의 공원수로도 매우 좋다. 열매는 식용한다. 한국, 일본 등지에 분포한다.

▌ Viburnum Opulus L. var. plena ; Snow Ball, ‘Snow head.’

▌**민화 속에 보이는 석류** (국립민속박물관 소장)

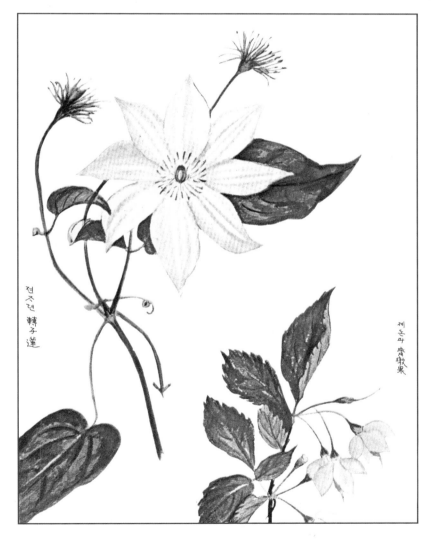

젼ᄌ련 轉子蓮

졔욘ᄭᅡ 薺敦果

전자련은 대나무 숲 속이나 산기슭 등에서 무성하게 자라나는데 얼마나 단단한지 사람들이 "천년 묵은 거북이가 전자련 위에 앉았구나"라고 말한다.
그리하여 얻어진 이름이 '거북이 꽃'이다. 거북은 장수의 징표로서 거북모양의 석상들이 조상의 명판으로 많이 쓰여지고 있다.
백발이 성성한 사람을 '거북이 꽃'이라고도 부른다.
이것은 이 꽃이 정령과도 무관하지 않음을 보여주고 있다.

강원도에 있는 태화산은 너무 험난하여 아무도 오를 엄두를 내지 못하는데 이 전자련만이 높은 절벽 위에 피어있다고 전해진다.
그리고 정령이 '그 위에 살고 있다.' 그리하여 이 꽃은 때때로 꽃 중의 '위인'이라고도 불리운다.
그 뿌리는 약재로 쓰이고, 이파리는 식용으로, 나뭇가지는 땔감으로 쓰인다.

제돈과 나무에서는 기름을 짜내는데 그 기름은 불을 밝히는 데 쓰인다. 그 기름의 쓴맛은 물위에 뿌려놓으면 그 안에 있는 물고기들이 살아남지 못할 정도로 지독하여 게으른 낚시꾼들이 이용할 만하다. 물고기의 맛은 변하지 않으므로.
나무 줄기를 둘로 쪼개 물에 풀어 물고기를 잡기도 한다.

The large Clematis grows rank in the bamboo groves and on the mountain side, and is so hardy that it is said, "The thousand year turtle sits on the Clematis;" hence its name, 'Turtle Flower,' the turtle being the Korean emblem of long life, as evidenced in the stone turtle-shaped bases on many ancestral tablets. A hardy headed man is often called 'Turtle Flower.' This may account for the fact that the flower is associated with the Genii.
Mt. Taiwha, in Kang Won Do, is said to be so steep that no man can climb it, yet the Clematis climbs eighty feet up its precipice, and the Genii 'dwell above it.' So it is sometimes called 'The Great Man' among the flowers. Its roots are used for medicine, its leaves as a vegetable, and its vine for firewood.

The pod of the Silver Bell tree produces an oil which is used for illumination. It is a bitter oil and, spread on the surface of the water, is said to kill the fish therein, the sluggard's mode of fishing. The fish meat is not injured by the dose.

▌ 전자련(젼ᄌ련 轉子蓮)
숲가장자리와 산기슭의 볕이 잘 드는 풀밭에서 자란다. 줄기는 가늘고 갈색이며 길이가 2~4m이고 잔털이 있다. 잎은 마주나고 긴 잎자루가 있으며 3~5개의 작은 잎으로 구성된 겹잎이다. 잎 가장자리는 밋밋하고, 잎 뒷면에 잔털이 있으며, 긴 잎자루가 물체에 감기기도 한다. 꽃은 5~6월에 흰색 또는 연한 자주색으로 피고 가지 끝에 1개씩 달린다. 열매는 수과이고 길이 5mm의 넓은 달걀 모양으로 둥근 모양을 이루며 모여 달리고 암술대가 남아 있다. 많은 원예 품종이 개발되어 꽃의 색깔은 붉은빛이 도는 자주색, 붉은빛이 도는 흰색, 보라색 등이 있다. 한국, 일본, 중국 동북부에 분포한다.
▌ Clematis patents, Morr et Decne ; Large Mountain Clematis, 'Turtle Flower'

▌제돈과(제돈과 齊墩果)
산과 들의 낮은 지대에서 자란다. 낙엽소교목으로 높이는 10m 내외이다. 가지에 성모(星毛)가 있으나 없어지고 표피가 벗겨지면서 다갈색으로 된다. 잎은 어긋나고 달걀 모양 또는 긴 타원형이며 가장자리는 밋밋하거나 톱니가 약간 있다. 꽃은 단성화이고 종 모양으로 생겼다. 꽃부리는 5갈래로 깊게 갈라지며 수술은 10개이고 수술대의 아래쪽에는 흰색 털이 있다. 과피(果皮)는 물고기를 잡는 데 사용하고, 종자는 새가 먹으며, 목걸이 등을 만들기도 하고 목재(木材)는 기구재, 가공재 등으로 쓰인다. 한국(중부 이남), 일본, 필리핀, 중국 등지에서 분포한다.

▌Styrax japonica, Sieb et Zucc ; Silver Bell.

석류나무는 가정의 정원이나 절간의 앞마당에서 그 꽃과 열매를 취하기 위하여 키워진다. 프로세르피나처럼 그 씨앗을 먹으며, 신을 위한 음식으로 제삿상에도 놓여진다. 한 신부가 그녀의 신혼집을 단장하려고 석류나무를 심고 있을 때 현명한 농부 하나가 지나가다가 발길을 멈추고 말하였다.
"석류꽃이 필 때면 비가 많이 내릴 테니 씨앗 뿌릴 준비를 하시오."
어여쁜 꽃과, 멀리서 보았을 때 매혹적인 열매의 자태와는 달리 가까이 들여다보는 것은 현저하게 차이가 난다.
그리하여 이 과일은 겉보기엔 번드르르하고 속은 다른 사람들을 일컫는 데 쓰이기도 한다.
씨앗과 뿌리는 둘 다 약재로 이용된다.

　　"중앙산 가는 길에
　　언덕에 우거진 문수버들;
　　문수버들이 한창 물이 올라
　　봄이슬에 젖어 고개를 숙였구나."

문수버들의 꽃과 뿌리는 피를 맑게 해 주며 소화제로도 애용된다.

Pomegranates are cultivated in the gardens and temple grounds for their ornamental flowers and fruit. Like Proserpina of old, the Koreans eat seed, and also use them in sacrificing to their ancestors— a food for the gods!
The bridge plants a pomegranate bush for a blessing upon her new home, and the wise farmer says, "When the pomegranate blooms tain is coming so speedily prepare your seed beds." A lovely flower and a fruit which, at a distance attractive, will not bear close inspection. So it is a synonym for person of fine appearance, but of indifferent character. Both seeds and roots are used for medicine.

　　"'On the road to Chung An Mountain.'
　　St. Jhon's Wort on the hill sides cling;
　　Munsu Putel is her caption,
　　Bends her head with the dew og Spring."

Both the flower and the root of St. Jhone's Wort are used as a blood purifier and for acute indigestion.

석류(석츄 石榴)

지름 6~8cm에 둥근 모양이다. 단단하고 노르스름한 껍질이 감싸고 있으며, 과육 속에는 많은 종자가 있다. 먹을 수 있는 부분이 약 20%인데, 과육은 새콤달콤한 맛이 나고 껍질은 약으로 쓴다. 종류는 단맛이 강한 감과와 신맛이 강한 산과로 나뉜다. 원산지는 서아시아와 인도 서북부 지역이며, 한국에는 고려 초기에 중국에서 들어온 것으로 추정된다. 현재 중부와 남부지방에서 정원수와 과수로 재배한다. 과즙은 빛깔이 고와 과일주를 담그거나 농축과즙을 만들어 음료나 과자를 만드는 데 쓴다. 올리브유와 섞어 변비에 좋은 오일을 만들기도 한다.

Punica Granatum, Linne ; Pomergtante, 'Rock Pomegranate.'

문수버들(문수버들)

양지와 바닷가에서 흔히 자라는 물레나물과의 다년초로서 왼쪽 줄기는 네모가 지며 연한 갈색이고 가지가 갈라진다. 꽃은 6~8월에 황색 바탕에 붉은 빛이 들며 가지 끝에 큰 꽃이 달린다. 어린잎은 나물로 식용하며 한방에서는 연주창 부스럼 및 구충에 사용한다. 산기슭이나 볕이 잘 드는 물가에서 자란다. 줄기는 곧게 서고 네모지며 가지가 갈라지고 높이가 0.5~1m이며 윗 부분은 녹색이고 밑 부분은 연한 갈색이며 목질이다. 한방에서는 뿌리를 제외한 식물체 전체를 홍한련(紅旱蓮)이라는 약재로 쓰는데, 간 기능 장애로 인한 두통과 고혈압에 효과가 있고 지혈 작용을 하며 종기와 악창에 짓찧어서 환부에 바른다. 한국, 중국, 일본 등지에 분포한다. 암술대의 길이가 1cm이고 끝에서 1/3 정도까지 갈라지는 것을 큰물레나물이라고 한다.

Hypericum Ascyron, Linne ; St.Jhon's Wort, 'Munsu Putel.'

이동꽃 忍冬花

병꽃나무 瓶花

치자 梔子

노란 병꽃나무는 산에서 자라는 관목수로서 막걸리와 함께 끓여 먹으면 요통에 신통하게 듣는다.

치자꽃은 남부지방에서 서식하는 관목수로 씨앗에서 아름다운 노란색 염료를 추출하는데, 이는 천 뿐만이 아니라 음식물에 색을 들이는 데도 쓰인다.
어떤 이가 화려한 새 옷을 입었을 때 사람들이 "치자로 물들였나보군."이라고 말한다. 씨앗은 약재로도 쓰이는데 해열제로 효과가 있다고 한다.

인동꽃 또한 해열제로 널리 쓰이기도 하지만 반죽을 만들어 종기에 바르기도 한다. 줄기는 감기약으로도 쓰인다.

Yellow Wigelia, a hardy mountain shrub, boiled with barley beer is a favorite remedy for backache.

Gardenia, a shrub of Southern Korea, yields a beautiful yellow dye from its seed pod, which is used not only to diye cloth, but to decorate candies and cakes as well.
When one wears a bright new dress, the gossip's common remark is; "She must have used Gardenia dye." A medicine is also produced from the seed pod, which is said to reduce fevers.

The Honeysuckle is another fever remedy, and is also used as a poultice for boils. Its stems furnish a remedy for colds.

▌병꽃나무(병꽃나무 瓶花)
　산지에서 자라는 인동과의 낙엽관목으로서 높이 2~3cm이다. 꽃은 3월에 피고 황록색이 들지만 적색으로 변한다. 주로 산지 숲 속에서 자란다. 줄기는 연한 잿빛이지만 얼룩무늬가 있다. 잎은 마주나고 잎자루는 거의 없으며 달걀을 거꾸로 세운 모양의 타원형 또는 넓은 달걀 모양으로 끝이 뾰족하다. 양면에 털이 있고 뒷면 맥위에는 퍼진 털이 있으며 가장자리에 잔 톱니가 있다. 한국 특산종으로 전역에 분포한다.
▌Diervilla subsessilis, Nakai; Yellow Wigelia, 'Bottle Flower.'

▌ 치자(치ᄌ 梔子)
  오미자란 이름은 과피와 과육은 달고 시며, 씨앗은 맵고 쓰며 전초는 짠맛을 가지고 있어 다섯 가지의 맛을 모
두 가지고 있기 때문에 붙여진 이름이라고 전해진다. 생김새는 고르지 않은 구형이나 납작한 구형이며 어두운
적색이나 흑갈색을 띤다. 바깥 면에는 주름이 있고 흰 가루가 묻어 있기도 하며 과육을 벗기면 콩팥모양의 씨
가 1~2개 들어 있고 씨의 바깥 면은 광택이 있는 황갈색이나 어두운 적갈색이고 등쪽에 명확한 봉선이 있다.
외종피는 벗겨지기 쉬우나 내종피는 배유에 밀착되어 있다. 다른 이름으로는 현급(玄及), 회급(會及), 오매자
(五梅子) 등이 있다.
▌ Gadenia jasminoides, Ellis; Gardenia.

■ 인동꽃(이동덕 忍冬花)

산과 들의 양지바른 곳에서 자란다. 길이 약 5m이다. 줄기는 오른쪽으로 길게 뻗어 다른 물체를 감으면서 올라간다. 가지는 붉은 갈색이고 속이 비어 있다. 잎은 마주달리고 긴 타원형이거나 넓은 바소꼴이며 길이 3~8cm, 나비 1~3cm이다. 가장자리가 밋밋하지만 어린 대에 달린 잎은 깃처럼 갈라진다. 잎자루는 길이 약 5mm이다. 꽃은 5~6월에 피고 연한 붉은색을 띤 흰색이지만 나중에 노란색으로 변하며, 2개씩 잎겨드랑이에 달리고 향기가 난다. 화관은 입술 모양이고 길이 3~4cm이다. 겨울에도 곳에 따라 잎이 떨어지지 않기 때문에 인동이라고 한다. 밀원식물이며 한방에서는 잎과 줄기를 인동, 꽃봉오리를 금은화라고 하여 종기·매독·임질·치질 등에 사용한다. 민간에서는 해독작용이 강하고 이뇨와 미용작용이 있다고 하여 차나 술을 만들기도 한다.

■ Lonicera japonica, Thunberg ; Honey-suckle.

▌**민화 속에 보이는 흰연꽃** (국립민속박물관 소장)

떨무치 蘭竹

개나리白合花

서양에서는 :
    "혼자서 마주 본다면 두렵게까지 생긴 개나리꽃
    큰 키에 까맣고 노랗고 바위 곁에서 고개를 끄덕인다.
    하지만 말채나무가 개가 아닌 것처럼 개나리도 호랑이가 아니라네.
    큰고랭이가 황소가 아니고, 두꺼비 나무가 개구리가 아닌 것과 같이."

한국의 선비들은 말한다 :
    "크고 용맹하게 생긴 듯한 자
    알고 보니 싱겁기 그지없구나.
    비겁한 자, 그대 피할 수 없이
    바보 같은 개나리꽃이로구나."

개나리꽃의 뿌리는 삶거나 쪄서 약용으로 먹는다.

    "붉은 범부처가 피어나는 곳에 두더지는 없다."
                                    -한국 속담-

범부처의 봉우리는 길쭉한 검은 색 씨앗으로 가득 차 있다.
이 씨앗들은 실로 꿰어서 아이들의 놀이용품으로 쓴다.
사내아이들은 범부처 이파리 두 개로 멋진 피리를 만든다.
뿌리는 유용한 약재로 쓰인다.

The west :
  "And Tiger Lilies may look fierce, to meet them all alone,
  'All tall and black and yellow, and nodding by a stone,
  But they are no more like tigers than the Dogwood's like a dog,
  Or Bulrushes are like a bull, or toadwort like a frog!"

The Korean Philosopher says :
  "A man may look so brave and tall,
  But Really be quite silly.
  A coward, then, at heart we call
  A foolish Tiger Lily."

The Lily bulbs are boiled or baked and eaten as a medicine.

  "Where the Red Iris grows, the mole will not go."
                              —Korean proverb.

The seed pod of the Blackberry Lily is filled with black, oval seeds. Thess
are pierced and strung for the children to play with. Boys make a good
whistle of two Iris leaves. The bulb is a well known remedy.

▍ 개나리꽃(개나리꽃百合花)
백합과에 딸린 식물, 줄기는 곧고 높이는 1~1.5m이며 비늘줄기는 공모양이다. 잎은 어긋나고 잎자루가 없으며 5개의 잎맥이 있다. 6~7월에 흰색에 적갈색 반점이 있는 꽃이 줄기 끝에 피는데 향기가 좋다. 열매는 긴 거꿀달걀 모양이며, 약으로 사용한다. 기침, 각혈, 기관지확장증 등에 사용된다. 신경쇠약으로 가슴이 답답하고 잠을 이루지 못하고 빈혈이 있을 때도 사용한다.
▍ Lilium lancifolium, Thunberg; Tiger Lily, 'Lily of 100 Closings.'

▌ 범부채(범부처 蘭竹)
　산지에서 자라는 붓꽃과의 다년초로서 관상용으로 심기도 한다. 꽃은 7~8월에 황적색 바탕에 짙은 점이 있으며 한 군데에 몇 개의 꽃이 달린다. 종자는 흑색으로 윤기가 있다.
　뿌리는 편도선염에 사용하거나 온화제로 사용한다.

▌ Belamcanda punctata, Moench ; Blackberry lily, Red Iris, ʻTiger Fan Lily.ʼ

망우초 忘憂草

석죽화 石竹花

비얌풀 蛇草

"망우초는 모든 사람의 근심을 사라지게 해주는 나라의 은인이다.
이파리는 확실하게 아들을 낳게 해주는 음식이다.
냄비가 끓을 때마다."

산등성이에 넓게 펼쳐져 있는 **망우초** 밭을 볼 수 있는 것은 한국에서 맛볼 수 있는 커다란 기쁨
이다. 뿌리는 독성이 있지만, 약제사들이 애용하는 약제이기도 하다.

점쟁이들은 처녀들의 장래에 대해 이렇게 말하곤 하였다.
"한 줄기에 세 개의 꽃이 달려 있는 석죽화를 머리에 꽂아서, 맨 아래에 있는 꽃이 제일 먼저
죽으면 젊었을 때 운이 따르지 않을 것이고, 중간의 꽃이 먼저 죽으면 중년이 되었을 때 운이
따르지 않을 것이고, 만일 맨 위에 있는 꽃이 먼저 죽으면 말년이 힘들 것이라. 만일 세 개의
꽃이 한꺼번에 죽는다면 너의 인생은 불행에서 벗어나지를 못할 것이려니." 이 말에 좋은 일은
한 가지도 없다는 것이 의미심장하다.
이 꽃의 독특한 향기는 약재에서도 쉽게 맡아볼 수가 있다.
아주 재미있는 식물이다. 한국인의 시에 자주 등장 하기도 하는데 식물자체의 독성으로 인해
환각작용이 있다.

산등성이에 대량으로 퍼져있는 **배암풀**은 눈에 잘 띄지 않는 곳에 꽃들로 덮여있다. 한 총명한
젊은이가 벗을 찾고자 길을 떠났다가 별로 달갑지 않은 무리들을 만나게 되고 말았다는 이야기
가 생각나게 하는 그런 꽃들이다.
그 뿌리는 약재로 이용된다.

"This Lily is Korea's cure
For everybody's troubles :
Its leaves as food bring heirs for sure,
Whene'er the kettle bubbles."

Acres of these Lilies on the grassy mountain slopes are one of the glories of Korea. The roots are poisonous, but are a reliable physic of the old Apothecary.

The Fortune Teller reads a girl's fortune in this manner : "Take a cluster of three Wild-Pinks growing on one stem and place them in your hair. If the lowest flower dries first, you will have misfortune in your youth ; if the middle Pink dries, your troubles will come in middle life ; but if the top flower dries first, the last years of your life will be hard and full of sadness. If all dry up together, your lot will be a most unhappy one." It is significant that no good fortune is included.
With its spicy odor, we are not surprised to find the Pink among the drugs.

The profusion with which Snake Grass covers the mountain side, obscuring less conspicuous flowers, reminds the Sage of him who goes forth to find his friend, only to meet a number of people he would rather not see. Its roots furnish a medicine.

▌ 망우초(망우초 忘憂草)
　관상용으로 심고 있는 백합과 다년초로서 뿌리가 방추형이다. '망우초', '득남초' 라고도 하며 꽃은 등황색이
고 봄철에 어린순을 나물로 하며 뿌리는 이뇨, 지혈 소화제로 사용한다.
▌ Hemerocallis disticha, Donne ; Yellow Day Lily, 'Forget-Your-Troubles.'

■ 석죽화(석죽화 石竹花)

석죽과에 딸린 여러해살이식물로 '패랭이' 꽃이라고도 한다. 줄기 높이 30cm쯤에서 위에서 가지가 갈라진다. 잎은 마주나고 가장자리가 밋밋한 선형이다. 꽃은 6~8월에 피고 우리나라 각지에 분포한다. 꽃과 열매가 달린 전체를 그늘에 말려 약용한다. 임상적으로 신장염, 방광염 등에 활용되고 눈이 충혈 되면서 아픈 증상에 긴요하게 쓰인다.

■ Dianthus sinensis, Linne ; Wild Pink, 'Storm Bamboo.'

▌ 배암풀(비암풀 蛇草)
　습지에서 자라는 국화과의 다년초로서 '금불초' 라고도 하며, 뿌리가 뻗으면서 번식한다. 꽃은 7~9월에 피며 높이가 1m에 달하고 가지가 많은 것을 가지금불초라 한다. 꽃을 민간에서는 이뇨, 구토진정제로 사용하고 어린순은 나물로 먹는다. 한국, 일본, 만주 등지에 분포한다.
▌ Inula japonica, Thunberg ; 'Snake Grass.'

련꽃 蓮花

연꽃은 사람들에게 '말하는 꽃'으로 알려져 있다.

한 시인은 연꽃을 '궁녀들이 목욕하는 듯한 자태'라고 표현한다. 스님들이나 불교신자들은 그들의 사후에 그들의 영혼이 연꽃에 얹혀져 그들이 극락이라고 믿고 있는 '니르바나'라는 곳으로 옮겨질 것이라고 믿는다.

연꽃은 여러 가지 디자인으로 절의 곳곳에 장식되어 있다.

뿌리와 씨앗은 식용이며, 특히 씨는 강장제 효과가 뛰어나다고 알려져 있다.

옛날에 한 교주가 나무 밑에서 낮잠을 자다가 참으로 아름다운 무지개를 보았다. 그 무지개 밑에는 찬란하게 아름다운 꽃이 있었는데 그 향기가 천지에 진동하였다.

잠에서 깨어난 그는 꿈에 본 그 무지개와 꽃을 찾으러 헛된 여행길을 떠났다. 그러던 어느 날 꿈에 본 그 꽃을 찾았는데 그것이 바로 연꽃이었다.

그 후 그는 하루도 빠짐없이 그 꽃을 보러 다녔다.

하루는 그 꽃이 다시 그의 꿈에 나타나서 말하기를: "저는 극락에서 살던 꽃이온데, 이곳에 있으려니 너무 시끄러워서 견딜 수가 없사옵니다. 어디 조용하고 평화로운 곳으로 저를 옮겨 주실 수는 없으신지요?"

그 교주는 그 꽃의 말대로 조용한 산골짜기에다 꽃을 옮겨 심었다.

그러나 그 꽃은 또다시 그의 꿈에 나타나 "산속에는 수많은 짐승들이 살고 있어 그들이 다닐 때마다 저를 짓밟고 다녀서 견딜 수가 없습니다."라고 말하였다.

그가 연꽃을 다시 연못으로 옮겨 주자 그때부터 그 꽃은 아주 만족스럽게 물 속에서 사는 꽃이 되었다고 한다.

The Lotus is said to be the 'flower that speaks.' The Poet says this flower is the 'King's maidens bathing.' Buddhist monks and their followers believe that when they die their spirits rest in the Lotus and are so taken to the pure place, Nirvana. The Lotus is found growing at the temples, and is carved in numerous designs which decorate the buildings and images. Both roots and seed are edible. The seeds are said to be a wonderful tonic.

Once upon a time, so the story goes, a sheik fell asleep under a tree and dreamed he saw a marvelous rainbow, and under it a beautiful flower, with a heavenly perfume. When he awoke he searched in vain for the rainbow and this flower. One day he found his dream flower, the Lotus, and loved it, and would go out to see it every day. Once again it appeared in his dreams and the flower spoke to him and said : "You know I came from heaven, and I cannot stand this noisy place. Is there no quiet and peaceful place where you can take me?" Then the sheik planted the Lotus in a deep ravine on a high mountain. Again the Lotus spoke in his dream : "I will have to leave the mountain, because there are so many animals and they step on me." So the sheik planted the Lotus in a lake. It was happy and content, and has ever since been a water flower.

연꽃(련꽃 蓮花)

연꽃과에 딸린 수초, 뿌리줄기가 굵고 마디가 있으며, 가로로 뻗는다. 잎은 뿌리에서 바로 나고 물위에 뜨며 지름 20cm가량의 담홍색 또는 흰색 꽃이 핀다. 불교에서 연꽃은 극락세계를 상징하는 꽃으로 여겨진다. 민간 에서는 종자를 많이 맺기에 다산의 징표로 보았다. 실생활에선 약재로 이용되어 왔다. 신체허약, 위장염, 불 면증상의 치료제로 이용되었고 잎은 수종, 토혈, 변혈 등의 증상에 이용되었다. 연근은 지사제나 건위제로 이 용되었고 식품으로도 사용되고 있다.

Nelumbo nucifera var. rosea, Gaertner ; Pink Lotus, 'Daughter of the Sun.'

흰련꽃 白蓮花

옛날에 심청이라는 소녀가 살았다.

그녀의 어머니는 돌아가시고 아버지는 장님거지였다.

한 스님이 그들에게 말하기를 쌀 300가마를 절에 낸다면 그 아버지의 눈이 떠질 것이라고 하였다.

그 아버지는 기뻐서 아무 생각 없이 그러겠다고 약속을 하고 돌아왔으나 쌀 한 톨도 없는 그들의 처지에 암담하기만 했다.

마침 한 어부가 제물로 쓸 처녀를 구한다기에 심청은 아버지를 위하여 자신의 몸을 팔기로 하였다.

어부는 소녀를 바다 한가운데로 데리고 나가 용왕님께 바쳤으나 용왕님은 소녀를 연꽃잎에 숨겨주었다.

다음날 임금이 지나는 길목에 마침 피어나려는 연꽃이 눈에 띄었다.

임금은 그 연꽃을 꺾어 자신의 궁에 꽂아두었다.

그날 밤 임금은 연꽃 뒤에 숨어있던 소녀를 발견하고는 자신의 왕비로 삼았다.

왕비가 된 후에도 그 소녀는 항상 슬픈 듯이 보여졌다.

이를 궁금하게 여긴 임금이 물어보자 왕비는 "만일 임금께서 전국의 장님거지들에게 잔치를 별여 주신다면 웃을 수 있을 것 같사옵니다."라고 대답하였다.

임금이 전국의 장님거지들에게 잔치를 별여준다는 소문에 전국의 장님들이 다 모여들고 심청은 궁전의 입구에 서서 자신의 아버지가 마지막으로 들어오는 것을 지켜보았다.

그녀가 달려가 그를 얼싸안자 너무도 놀랜 아버지는 눈을 깜박거리기 시작하였고 몇 번 깜빡거리자 눈이 떠져 꿈에도 못 잊던 자신의 딸이 왕비가 되어 눈앞에 서있는 것을 발견하였다.

그 후로 그들은 '오랫동안 행복하게 잘 살았다.'

Long, long ago, there was a girl named Sim Chung. Her mother was dead and her father was a blind beggar. A Buddhist priest told them that if they would give three hundred bags of rice to the temple, his eyes would be opened. The father promised this amount, but, having nothing with which to pay, Sim Chung sold herself to some fishermen as a sacrifice. The fishermen cast her into the sea, an offering to the Sea God, but the Sea God hid the girl in a Lotus bud under the water. The next day the King passed by and saw this bud just ready to bloom. He had it plucked and placed in a great vase in his palace. That night he discovered the maiden in the flower and made her his queen. In spite of this good fortune, the Queen seemed always sad. When asked why she never smiled, she said : "If the King will give the blind beggars a feast, I will laugh." The King gave the feast and Sim Chung stood at the palace gate and watched the beggars pass. The last to come she recognized as her old father and embraced him. The blind man was so amazed that he blinked and blinked his eyes until they were opened and he saw his daughter, the Queen! Hence 'they lived happily ever after.'

▌ 흰연꽃(흰련꽃 白蓮花)

쌍떡잎식물로 수련과의 여러해살이풀이다. 수초 진흙 속에서 자라면서도 청결하고, 고귀한 식물로 친근감을
준다. 백련이라고도 한다.

▌ Nelumbo nucifera var. alba, Gaertner ; White Lotus.

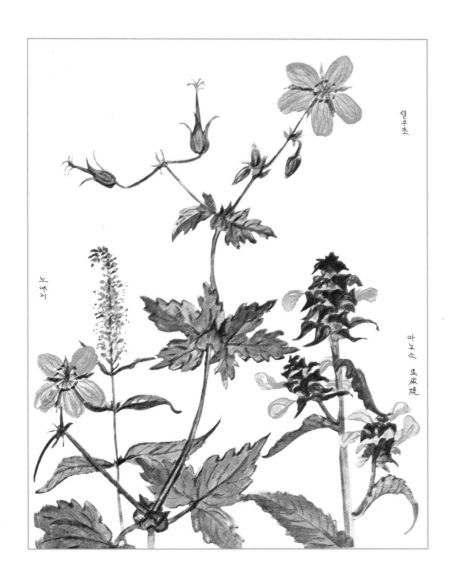

섬우초

노야기

마요소　馬尿燒

깃털을 휘날리며 산등성이에 자리잡고 있는 노야귀는 유능한 한의사들도 사용하지 않는 몇 안 되는 야생초중 하나이다.

설우초는 고산지대에 피어나는 꽃으로서 여름 내내 그 모습을 볼 수 있다.

마뇨소 이파리는 말려서 가루를 내어 잔치에 떡을 만들 때 함께 섞어서 만든다. 나물로도 애용 되며, 가을에는 말려서 편도선 치료제의 주재료로도 쓰인다.

Speedwell, waving its plumes on the mountain side, is one of the few wild flowers not used by the native medicine man.

Crane's Bill abounds on the tops of the higher mountains of Korea and blooms throughout the summer months.

Heal-all leaves are dried and mixed in 'bread' at feast time. They are also used as a vegetable, and in the late Fall, dried, form an important part of a mixture applied to swollen neck hlands.

▌노야귀(**노야귀**)
　물가의 습지에서 자란 '물칭개나물'로 알려져 있다. 줄기는 곧게 서고 부드러우며 약간 육질이고 높이가 30
~50cm이다. 꽃은 8월에 연한 자줏빛 줄이 있는 흰색으로 피고 잎겨드랑이와 줄기 끝에 총상꽃차례를 이루
며 달린다. 작은꽃자루는 길이가 4~6mm이고 선모가 있다. 포는 넓은 줄 모양이고 작은 꽃자루와 길이가 비
슷하다. 꽃받침은 4개로 갈라지고, 갈라진 조각은 긴 타원 모양이다. 화관은 4개로 갈라진다. 수술은 2개, 암
술은 1개이다. 열매는 삭과이고 지름이 3mm이며 둥글고 4개로 갈라진다. 어린순은 나물로 먹는다.
▌Veronica augustifolia, Fischer ; Speedwell.

▌설우초(셜우초)
　　'왕이질풀', '참쥐손풀', '참이질풀', '조선노관초', '둥근쥐손' 이라고도 한다. 산에서 자란다. 전체에 털이
약간 있고 줄기는 곧게 서며 가지를 친다. 높이는 1m 정도이다. 잎은 마주나고 뿌리에서 나온 잎은 긴 잎자루
가 있으며, 줄기에서 나온 잎은 잎자루가 거의 없거나 짧다. 잎은 3~5개로 약간 깊게 갈라지고 갈라진 조각
은 끝이 뾰족하며 큰 톱니가 있다. 턱잎은 넓은 달걀 모양이며 막질(膜質)이다. 풀 전체를 약용한다. 경상남도,
경기도, 강원도, 황해도, 평안남도, 함경남도 등지에 분포한다. 유사 종으로 흰색 꽃이 피는 것을 흰 둥근 이
질풀이라고 하며 둥근 이질풀과 같이 자란다.
▌Geranium koreana, Komarov; Crane's Bill.

■ 마뇨소(마뇨소 馬尿燒)
　깊은 산 숲 속에서 자란다. 줄기는 밑에서 여러 대가 나와 함께 높이 30~60cm까지 자라며 밑에서 가지가 갈
라진다. 잎은 어긋나거나 마주달리고 달걀 모양이며 가장자리에 규칙적인 겹톱니가 있다. 잎 끝은 뾰족하나
밑 부분이 갑자기 좁아지고 잎자루는 짧다. 꽃은 8~9월에 피고 홍색 빛을 띤 자주색이며 원대 끝에 이삭 모
양으로 달린다. 꽃받침은 앞쪽이 깊게 갈라지고 뒷면에는 2~3개의 톱니와 함께 짧은 털이 있다. 전체가 크고
가지가 많은 것을 수송이풀, 꽃이 드문드문 달려서 긴 이삭 모양인 것을 명천송이풀이라 한다.
■ Pedicularis resupinata, Linne ; Heal-all.

▌민화 속에 보이는 산수국 (국립민속박물관 소장)

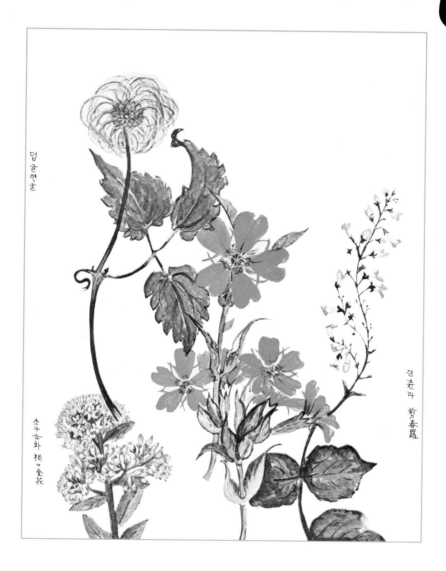

덥흐리흐

초구순화 楢。金花

전춘라 剪�凸春羅

덤글력굴은 나물로 쓰이며 이파리는 고아서 종기에 붙이면 효과가 있다.

초구금화는 해발 5,000피트 높이의 고산지대의 바위틈에서 자란다.
뿌리는 식용이다.

선옹초는 산에 피는 가장 아름다운 꽃 중의 하나이며 지리산의 꽃들 중 가장 눈에 띄는 꽃이다.
뿌리는 두통약의 약재로도 쓰인다.

The Clematis is a native vegetable, and a poultice for boils is made from the leaves.

Live-forever loves to grow among the rocks, five thousand feet above sea level. Its roots are edible.

Fire Pink, the most beautiful of mountain flowers, is the brightest spot along the "flower trail" of Chiri-san. A remedy for headache is made from its roots.

덥글력굴(덥글력굴)

미나리아재비과로서 지리산의 산림 중에 자란다. 잎자루가 꼬부라져서 덩굴손과 같은 역할을 하며 털이 점차 없어진다. 꽃은 황자색이며 어린순은 나물로 먹고 약용으로도 쓰인다. 산의 능선지대에서 자란다. 잎은 마주 나고 3개의 작은 잎으로 되며, 잎자루와 작은 잎자루가 꼬부라져서 덩굴손의 역할을 한다. 열매는 수과로 9~ 10월에 익으며 털이 난 긴 암술대가 끝에 붙는다. 꽃이 노란빛을 띠기 때문에 누른종덩굴이라고 하며 관상적 가치가 있다. 어린잎은 식용한다. 한국 특산식물로 지리산, 한라산, 경상북도, 강원도, 평안북도에 분포한다.

Clematis chidisanensies, Nakai ; Mountain Clematis.

초구금화(초구금화 樽○金花)
　돌나물과로 산지에서 자라는 다년초로서 높이 30~50cm이고 1개 또는 몇 개씩 한군데서 나온다. 꽃은 7~8월에 홍자색으로 핀다. 꽃은 8~9월에 붉은 자주색으로 원줄기 끝에 핀다. 여러 송이의 작은 꽃들이 꽃대의 끝에 거의 같은 높이로 자라서 중앙에 있는 꽃이 먼저 핀 뒤 주위의 꽃들이 중앙을 향해 핀다. 열매는 10월에 열리는데 골돌과로 5개이며 익으면 곧추 섰다가 껍질이 봉선(縫線)을 따라 갈라져 씨앗을 퍼뜨린다. 관상용으로 심으며 어린순은 식용한다. 풀 전체를 강장·선혈 등에 약용한다.
　Sedum Telephium, Linne ; Live-forever.

▌ 선옹초

유럽이 원산지로 줄기는 곧게서며 높이 60~80cm로 자란다. 꽃은 5~6월에 피고 지름 3cm 정도로서 가지 끝에 1개씩 달리며 자주색이다. 관상용으로 이용한다.

▌ Lychnis cognata, Maximowicz ; Fire Pink.

▌ 전춘라(젼츈라 剪春羅)
  석죽과의 여러해살이풀 높이는 1m 정도이며 잎은 마주나고 긴 달걀 모양이다. 6~8월에 진한 붉은색꽃이 줄기 끝의 잎 사이에 2~3개씩 피고 열매는 삭과를 맺는다. 산지에서 자라는데 한국의 중부이북, 일본, 만주 등에 분포한다.
▌ Plectranthus inflexus, Vahl; Mountain Mint.

호라비꼬

맛타리

들구와 野菊花

맛타리는 높은 곳을 사랑하는 식물로서 누구보다도 우뚝 고개를 들고 서 있는 모습을 볼 수 있다. 이파리는 나물로 쓰인다.

들국화는 무리를 지어서 피어 있는데 이파리와 줄기 둘 다 약재로 쓸모가 있다. 꽃의 중앙 부분은 가루로 만들어 벌레 퇴치약으로 쓴다.

고산지대에서 발견할 수 있는 호라비대의 이파리인 붉은 깃털은 삶아서 염증약으로 쓴다.

Mountain Parsley has caught the love of 'altitude' and lifts her head high above her fellows. Its leaves serve as a vegetable.

Field Daisies are gathered in great quantities, as both the leaves and stems are useful to the Medicine Man. An insect powder is made from the yellow centers of the flowers.

The leaves of the Burnet, the red plume waving from the top of many a high mountain, are boiled and applied to infections.

▌ 맛타리(맛 타리)

　산이나 들에서 자란다. 높이 60~150cm 내외이고 뿌리줄기는 굵으며 옆으로 뻗고 원줄기는 곧추 자란다. 윗부분에서 가지가 갈라지고 털이 없으나 밑 부분에는 털이 약간 있으며 밑에서 새싹이 갈라져서 번식한다. 뿌리에서는 장 썩은 냄새가 난다하여 패장이라는 속명을 가지고 있다. 연한순을 나물로 이용하고 전초를 소염(消炎), 어혈(瘀血) 또는 고름 빼는 약으로 사용한다. 뚜깔과의 사이에 잡종이 생긴다.

▌ Patrinia scabiosaefolia, Fischer ; Mountain Parsley.

들국화

▌ 들국화(들국화 野菊花)
국화과로서 고산지대나 산 정상에 자라는 다년초로서 9~10월에 꽃이 피고 전초를 구절초와 더불어 부인병에 사용한다.
▌ Chrysanthemum sibiricum, Fischer ; Field Daisy.

■ 호라비대(호라비머)
  지리산, 설악산 및 북부지방의 고산지대에서 자라는 장미과의 다년초. 고산지역의 습기가 많은 곳에서 자란
다. 꽃은 8~9월에 붉은 자줏빛으로 피고 가지 끝에 수상꽃차례로 다닥다닥 달린다. 꽃차례는 기둥 모양이고
길이 4~10cm이며 꽃줄기에 털이 빽빽이 난다. 꽃밥은 마르면 노란 갈색이 되고 밑 부분이 짙은 갈색이다.
열매는 수과로서 네모진다. 어린 싹은 식용한다. 관상용으로 심으며 뿌리는 지혈제로 사용한다.
■ Sanguisorba hakusanensis, Makino; Burnet, 'Bachelor Stem.'

산수국　山水菊

다양한 빛깔과 엷고 짙은 색깔을 지닌 산수국은 고산지대의 시냇가를 따라서 발견된다. 이파리는 봄날에 밥상을 환하게 해주는 나물이 된다. 현재 미국에서는 신품종이 개발되었다.

Mountain Hydrangeas, in numerous shades and varieties, are found along the streams high up in the clouds. The leaves make a choice spring dish!

▌ 산수국(산수국 山水菊)

범의귀과로서 경기도 및 강원도 이남의 산골짜기에서 자라는 낙엽관목으로 높이가 1m에 달하며 작은 가지에 잔털이 있다. 백홍색 꽃은 7~8월에 핀다. 산골짜기나 자갈밭에서 자란다. 높이 약 1m이다. 작은 가지에 털이 난다. 잎은 마주나고 긴 타원형이며 길이 5~15cm, 나비 2~10cm이다. 끝은 흔히 뾰족하며 밑은 둥근 모양이거나 뾰족하다. 가장자리에 뾰족한 톱니가 있고 겉면의 곁맥과 뒷면 맥 위에 털이 난다. 탐라산수국은 주변에 양성화가 달리고, 꽃산수국은 중성화의 꽃받침에 톱니가 있으며, 떡잎산수국은 잎이 특히 두껍다. 관상용으로 심는다.

▌ Hydrangea serrata, Sering; Mountain Hydrangea; 'Mountain Water Chrysanthemum.'

▎수국

범의귀과에 속하는 낙엽관목. 수국이란 명칭은 중국명의 수구(繡球) 또는 수국에서 유래된 것으로 보며, 옛 문헌에는 자양화(紫陽花)라는 이름으로 나타나고 있다.

높이는 1m에 달하는데 중부 이북지방에서는 겨울 동안 윗 부분 또는 지상부가 전부 말라 죽는다. 잎은 마주 달리고 두꺼우며 난형 또는 넓은 난형이고 윤채가 있는 짙은 녹색이다. 길이 7~15㎝, 너비 5~10㎝로서 털이 없고 끝이 뾰족하며 가장자리에 톱니가 있다.

번식은 꺾꽂이와 분주로써 하며 4~5월경에 2, 3마디가 있는 가지를 꽂으면 뿌리가 잘 내린다. 그늘이 지고 습기가 있는 나무 그늘에서 잘 자라며 지나치게 건조하면 꽃이 잘 달리지 않는다.

▎Hydrangea serrata(as above).

수국
Hydrangea serrata(as above).

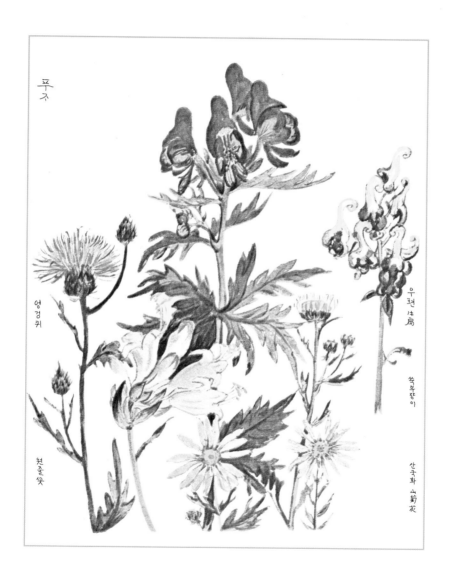

푸

영겅퀴

엉줄꽃

우줜 生扁

쑥부장이

산국화 山菊花

한국의 **엉겅퀴**는 가시가 없는 게 특징이다.
새싹이 부드러울 때는 먹기도 하고 뿌리는 말라리아와 류마티즘 치료에 효과가 있다.

부자는 현대의학의 강심제로만 쓰이는 것이 아니라, 한국의 의원들에게 혈액 순환 촉진제로서
인기가 있다. 그러나 독성이 강한 식물이다.

산국화는 벌레를 잡는 약의 성분으로 쓰인다.
줄기는 말려서 가을에 불을 지피는 데 쓴다.

우편은 독성이 강한 식물로써, 특히 소에게 해를 많이 끼친다.
그러나 뿌리는 말린 후 가루로 만들어 한지에 넣어 칙칙한 약방의 천장에 걸어두기도 한다.

The Thistle is practically thornless in Korea! The sprouts are eaten
while tender and the roots are a remedy for malaria and for
rheumatism.

Monkshood is not only our modern Aconite, but the Korean doctor's
medicine for poor circulation. It is very poisonous.

Pink Daisy is used in the composition of insect powder. The plants
are cut and dried for fuel in the Fall.

Monkey Flower is very poisonous, especially to cows; but its roots,
dried and powdered, fill one of the many rice paper bags that hang
from the dingy ceiling of the old time apothecary.

▌ 엉겅퀴(엉겅퀴)
국화과에 속하는 다년생 초본식물, 전체에 백색 털과 더불어 거미줄 같은 털이 있으며 가지가 갈라진다. 꽃은 6~8월에 자주색 또는 적색으로 핀다. 어린순은 식용으로 하고, 성숙한 것은 약용한다. 약효는 지혈작용에 효과적인데, 특히 폐결핵에는 진해 거담, 흉통을 제거하면서 토혈을 치유하는 작용을 하고 혈압강화에도 효과적이다. 잎이 좁고 녹색이며 가시가 다소 많은 것을 좁은잎엉겅퀴, 가시가 많은 것을 가시엉겅퀴, 백색 꽃이 피는 것을 흰 가시엉겅퀴라고 한다.
▌ Cirsium Maackii, Maximowicz; Purple Thistle.

■ 원줄꽃(원줄꽃)
백합과로 산지에서 자라며 잎이 모두 뿌리에서 돌아 비스듬히 퍼진다. 꽃은 7~8월에 피며 연한순은 나물로 한다. 산지에서 자란다. 잎은 뿌리에서 무더기로 나와서 비스듬히 퍼지며 잎자루와 더불어 길이 10~25cm이고 밑으로 흘러서 잎자루의 날개처럼 되며 타원형이다. 꽃은 7~8월에 피고 꽃줄기는 높이 20~50cm이며 많은 꽃이 한쪽으로 치우쳐서 달리고 연한 자주색이다. 화관은 깔때기 모양이고 끝이 6개로 갈라져서 젖혀지고 6개의 수술과 1개의 암술은 길게 밖으로 나온다. 어린 순은 나물로 한다. 한국의 각지에 분포한다. 잎이 더 넓고 산옥잠화와 비슷하게 생긴 것을 넓은 옥잠화라고 한다.
■ Hosta japonica, Ascheron & Graebner; Purple Day Lily.

▌부자(附子)
미나리아재비과로서 산골짝이나 관목림 또는 풀밭에서 자라는 다년초로서 마늘쪽 같은 뿌리가 2개 간혹 3개
씩 발달하며 원줄기가 1m에 달하고 곧추 자라며 털이 없다. 뿌리는 진통제로 사용한다. 성분으로는 아코니틴
등을 함유하고 있다. 한방에서는 온성(溫性)의 흥분·강심·진통·이뇨제로서 계지(桂枝)·복령(茯苓)·감초
(甘草) 등과 공용하며, 절대로 단방으로는 쓰지 않는다. 신진대사 기능이 극도로 쇠퇴한 것을 회복시키는 이외
에 냉, 오한, 마비, 동통, 신경통, 류머티즘관절염에 쓰는데 극약의 일종이다.
▌Aconitum sinense, Siebold ; Monkshood.

▌ 산국화(산국화 山菊花)
　국화과의 여러해살이풀, 높이는 60~90cm이고, 흰색의 잔털이 있으며 잎이 어긋난다. 9~10월에 노란꽃이
두상꽃차례로 핀다. 꽃은 약용 또는 식용한다. 산과 들에 나는데 한국, 일본 등지에 분포한다.
▌ Chrysanthemum sibiricum, Fischer ; Pink Daisy.

▌쑥부쟁이│(쑥부쟝이)
　　초롱꽃목 국화과의 두해살이풀로 냇가의 모래땅에서 자란다. 꽃은 8~9월에 자주색으로 피고 줄기와 가지 끝
에 지름 4cm의 두상화를 이루며 달린다. 화관은 2줄로 달리며, 열매는 수과이고 달걀을 거꾸로 세운 모양이
며 관모(冠毛)는 붉은 색을 띤다. 한국 특산식물로 경상북도(수안포)와 충청북도(단양)에 분포한다.
▌Aster altaicus, Willdenow; Wild Aster.

▌우편(우편 牛扁)
　'권영초', '왜쑥부쟁이', '가새쑥부쟁' 이라고도 한다. 습기가 약간 있는 산과 들에서 자란다. 높이 30~
100cm이다. 뿌리줄기가 옆으로 뻗는다. 원줄기가 처음 나올 때는 붉은빛이 돌지만 점차 녹색 바탕에 자줏빛
을 띤다. 뿌리에 달린 잎은 꽃이 필 때 진다. 줄기에 달린 잎은 어긋나고 바소꼴이며 가장자리에 굵은 톱니가
있다. 겉면은 녹색이고 윤이 나며 위쪽으로 갈수록 크기가 작아진다. 꽃은 7~10월에 피는데, 설상화는 자줏
빛이지만 통상화는 노란색이다. 두화는 가지 끝에 1개씩 달리고 지름 2.5cm이다. 열매는 수과로서 달걀 모양
이고 털이 나며 10~11월에 익는다. 관모는 길이 약 0.5mm로서 붉은색이다. 번식은 종자나 포기나누기로 한
다. 어린순은 데쳐서 나물로 먹거나 기름에 볶아먹기도 한다.
▌Aconitum longe-cassidatum, Nakai; Monkey Flower.

꿩주

며누리꽃
婦花

범의 귀는 매우 희귀한 식물로 5000피트 높이의 고산지대에서 자생하며 '바위를 뚫고 자라나는 식물'이다.

며느리꽃은 아래와 같은 전설에 의하여 얻어진 이름이다.
한 아낙이 며느리와 함께 매우 궁핍하게 살고 있었다.
하루는 찧지 않은 쌀 얼마를 얻어다 놓고 며느리에게 까부르라고 시킨 뒤 어머니는 이삭을 줍기 위하여 들로 다시 나갔다.
집에 돌아와 보니 며느리가 무엇을 입에 넣고 씹고 있는 모습이 눈에 띄었다. 화가 난 어머니가 며느리에게 물었다: "애야, 무얼 먹고 있느냐?"
며느리가 자신의 혀를 내밀어 보이며 대답하였다: "땅에 떨어진 쌀 두 톨을 집어먹었을 뿐이예요."
시어머니는 너무나 화가 난 나머지 며느리의 목을 두 손으로 졸라 죽여 버리고 말았다. 며느리의 무덤가에 피어난 이 꽃은 불쌍하게 죽어간 며느리의 한을 되새김질이라도 하듯이 '혀 위에 놓인 두 톨의 쌀' 모양을 하고 있다.

Saxifrage is rare, and it gives quite a thrill to find it 'breaking through the rocks' at an elevation of five thousand feet.

The "Daughter-in-Law Flower" gets its name from the following story :
Once a woman and her daughter-in-law lived alone in extreme poverty. One day the mother managed to get a little unshelled rice and left it with the girl to hull while she returned to the fields to glean. On her return she found the girl chewing something. With irate suspicion she demanded: "What are you eating?" The girl replied : "Just two grains of rice which fell to the ground," sticking out her tongue to prove her truthfulness! The mother-in-law was very angry and choked her to death-all for two grains of rice! Over her grave this flower, with its 'two grains of rice on its tongue,' sprang up in memory of the poor girl.

█ 범의 귀

다년생 초본으로 높이 20cm 정도로 자란다. 열매는 삭과이고, 잎의 표면에는 털이 없으며 짙은 녹색이다. 근 생엽으로 습지에서 자란다. 결실기는 8월로 관상용이나 약용으로 이용한다.

█ Saxifraga oblongifolia, Nakai ; Saxifrage(Rock Breaker).

네귀쓴풀

▋ 네귀쓴풀
　용담과의 한해살이풀로 높이는 30cm정도이며, 잎은 마주나고 잎자루가 없다. 6~8월에 자주색 혹은 보라색
반점이 있는 흰색의 잔꽃이 줄기 끝에 피고, 열매는 삭과로 11월에 익는다. 잎과 줄기는 약용한다.
▋ Swertia tetrapetala, Pallas ; Grossh.

▌ 며느리꽃(여누러옻 婦花)
　현삼과, 반기생 일년초로 가지가 길게 자라며 빛을 잘 받으면 적자색이 된다. 7~8월에 홍색으로 핀다.
▌ Melampyrum japonicum, Nakai; 'Daughter-in-Law Flower.'

▌ 곰취(곰휴)
고원이나 깊은 산의 습지에서 자란다. 높이 1~2m이다. 뿌리줄기가 굵고 털이 없다. 뿌리에 달린 잎은 길이가 9cm에 이르는 것이 있고 큰 심장 모양으로 톱니가 있으며 잎자루가 길다. 뿌리에 달린 잎 사이에서 줄기가 나온다. 7~9월에 줄기 끝에 지름 4~5cm의 노란색 설상화가 총상꽃차례로 핀다. 꽃차례 길이는 50cm 이상이고, 꽃자루는 길이 1~9cm이며 포가 1개 있다. 갈색 관모가 있어서 바람에 잘 날려 흩어진다. 어린잎을 나물로 먹는데, 독특한 향미가 있다. 한방에서는 가을에 뿌리줄기를 캐서 말린 것을 호로칠(葫蘆七)이라 하여, 해수, 백일해, 천식, 요통, 관절통, 타박상 등에 처방한다.
▌ Ligularia speciosa, Fischer & Meyer; Groundsel.

창포는 한국에서 발견할 수 있는 꽃들 중에 아주 우수한 종자로 꼽힌다. 이것은 또한 '무지개의 신하' 라고도 불리는데 그 이야기를 거슬러 올라가면, 옛날 오랫동안 계속되던 가뭄에 사람들은 비를 기원하며 오랜 관습대로 무지개에 제물을 바쳤다. 그러자 무지개 빛깔과 같은 일곱 가지의 꽃들이 피어났는데 모두 어여쁜 소녀의 모습처럼 아름다웠다. 가장 어여쁜 꽃이 어떤 것일까를 생각하며 사람들이 고심을 하고 있는데, 그중 소녀처럼 다소곳한 자주색의 꽃이 가장 뛰어나 보였으나 너무나 수줍어 한마디의 말도 하지 못하는 것이었다. 모든 꽃들이 입을 맞추어 "너의 모습은 마치 무지개 같구나." 라고 칭찬하였다. 그 꽃은 기뻐서 고개를 들었는데, 때맞추어 하늘에서 비가 내려 그 꽃은 점점 더 아름다워져 갔고 무지개는 꽃을 어루만져 주었다. 그 일 이후 그 자주색 꽃은 '무지개의 신하' 로 불리었다고 한다.

익모초는 고기요리의 양념으로 즐겨 애용되며, 또한 감기약으로도 유용하다. 줄기에서는 기름도 짜낼 수 있다. 민간요법에서 속이 차가운 사람에게 많이 이용되고 있다.

우슬초는 습한 지역에서 자라나며 약재상에서 구할 수 있다.

Mountain Iris, Korea's finest specimen, is called the 'Servant-of -the

Mountain Iris, Korea's finest specimen, is called the 'Servant-of-the-Rainbow' because once, during a long drought, the people prayed for rain and sacrificed to the Rainbow, according to a time-honored custom. Seven different flowers sprang up, after the manner of seven pretty girls, all trying to decide which among them was most beautiful; each representing a color of the rainobow. The purple flower was told: "You are the most perfect girl spirit." but she was so shy she hung her head and would not say a word. All the flowers praised her and said: "You look like a rainbow." This made her very happy and she raised her head, and then the rain came. She became more beautiful than ever, so that the rainbow touched her. Since that time this Purple Iris has been the Servant-of-the-Rainbow.

This Pepermint is most useful as a seasoning for meats and furnishes a remedy for colds. An oil is extracted from its stems.

Giant Hyssop grows in marshy places and takes its place in the Apothecary shop.

■ 창포(창포 菖蒲)

연못가나 도랑가에서 자란다. 높이 30cm 내외이다. 뿌리줄기는 옆으로 길게 자라며 육질이고 마디가 많으며 흰색이거나 연한 홍색이며 지상에 있는 줄기와 더불어 독특한 향기가 난다. 꽃은 양성화로 꽃밥은 노란색이고 씨방은 둥근 타원형이다. 뿌리줄기를 창포라 한다. 민간에서는 단옷날 창포를 넣어 끓인 물로 머리를 감고 목욕을 하는 풍습이 있다. 한방에서는 건위·진경·거담 등에 효능이 있어 약재로 이용하며, 뿌리를 소화불량·설사·기관지염 등에 사용한다. 또한 뿌리줄기는 방향성 건위제로 사용한다. 한국, 일본, 중국에 분포한다. 잎이 보다 좁고 길이가 짧으며 뿌리가 가는 것을 석창포라고 하며, 산골짜기에서 자란다.

■ Iris ensata, Thunberg; Mountain Iris. 'Servant-of-the-Rainbow.'

■ 익모초(익모초 益母草)
　'육모초'라고도 한다. 들에서 자란다. 높이 약 1m이다. 가지가 갈라지고 줄기 단면은 둔한 사각형이며 흰 털이 나서 흰빛을 띤 녹색으로 보인다. 잎은 마주나는데, 뿌리에 달린 잎은 달걀 모양으로 원형이며 둔하게 패어들어간 흔적이 있고, 줄기에 달린 잎은 3개로 갈라진다. 열매는 작은 견과로서 넓은 달걀 모양이고 9~10월에 익으며 꽃받침 속에 들어 있다. 종자는 3개의 능선이 있고 길이 2~2.5mm이다.
■ Mentha haplocalyx, Briquet;'Mother's Blessing.'

▌우슬초

우슬초는 꿀풀과에 속하는 다년생 식물이다. 원산지는 중앙아시와와 남유럽으로 향신료와 약용으로 이용되던 허브이다. 높이는 60cm 정도 자란다.

소화불량·감기·기관지염에 효과가 있어 약초로 사용되며, 줄기를 욕탕에 넣고 목욕하면 피부 청결과 냉증 개선 등에 효과가 있고 세정약이나 습포약으로 만들어 좌상(挫傷)이나 외상 등에 바른다. 향수, 화장수의 원료로도 이용된다.

▌Agastache rugosa, O. Kuntze; Giant Hyssop.

쇠
영
덩
굴

산
막
화

민
영
화
와

홀
아
비
꽃

쇠영역글은 모든 약의 기초재료로 많이 쓰인다.

옛날 깊은 바다 속에 머리 셋 달린 용 한 마리가 살고 있었다. 이 용은 해마다 자기의 신부가 될 처녀를 제물로 바치지 않으면 어부들의 배가 폭풍에 침몰당할 것이라고 마을 사람들을 위협하였다. 그리하여 해마다 집집마다 돌아가며 자신들의 딸을 제물로 내놓든지 아니면 하녀를 사서 대신 내어 주곤 하였다. 김씨 집안의 딸은 동네에서 가장 어여쁜 처녀였는데 차례가 다가오자 어쩔 수 없이 그 처녀는 신부 차림을 하고 바닷가의 헌신제전에 나아가 침울하게 운명을 기다리고 있었다. 보통 용은 바다 속에서 갑자기 나타나 머리 셋에서 불을 뿜으며 그 꼬리로 신부와 잔치상을 휩쓸고 사라지고 이튿날 처녀의 뼈가 모래사장에 떠 밀려와 가족들에 의해 장례가 지내지곤 했었다. 그러나 이번에는 용이 나타나자 어디선가 황금빛 배에 탄 왕자님이 나타나 날카로운 칼로 용의 머리 하나를 잘라내어 버리고는 김씨의 딸을 구해내는 게 아닌가. 그리하여 그 헌신제전은 구출된 처녀와 왕자님의 결혼식장으로 바뀌어 버렸다. 그러나 막 결혼식을 시작하려는데 아버지인 왕의 심부름으로 온 신하 하나가 달려와 악마가 '국보 세 가지'를 훔쳐갔다고 전하는 것이었다. 게다가 왕은 왕자가 자신의 허락을 받지 않고 결혼하려는 것이 못마땅하기도 하여 만일 왕자가 '국보 세가지'를 구해 온다면 그들의 결혼을 허락할 것이라고 하였다. 그리하여 왕자는 처녀에게 백일 안에 돌아올 것인데, 만일 성공하면 황금빛 배 위에 하얀 깃발을 달고 올 것이고, 만일 자신이 싸움에서 목숨을 잃게 된다면 붉은 깃발을 달고 올 것이라고 약속하며 작별을 고하였다. 처녀는 날마다 바닷가에 나와 배가 돌아올 것을 손꼽아 기다렸다. 기다림 속에 처녀의 몸은 쇠약해져 갔다. 마침내 백일이 되던 날 배가 보이기 시작하였다. 그러나 돌아오던 길에 왕자는 용과의 싸움에서 흘린 피로 하얀 깃발이 붉게 물든 것을 처녀를 다시 만난다는 흥분 때문에 잊어버렸다. 가까이 다가오는 배에 걸린 깃발이 붉은 것을 본 처녀는 그만 슬픔을 이기지 못하여 숨을 거두고 말았다. 승리감을 안고 돌아온 왕자는 끝내 사랑하는 사람의 장례식을 보게 되고 말았다. 그러나 그녀의 무덤가에는 해마다 여름만 되면 백일홍이 피어나 백일간을 지키다 가곤 했다고 한다.

The Clematis is a basis for many medicines mixed by the native doctor.

There was once a three-headed Sea Dragon who demanded from the villages a yearly sacrifice of a young maiden to be his bride, otherwise the fishermen would have no luck and their boats would all be lost in the storms. So for years, each house in turn had offered its daughter, or purchased a slave girl for this dreadful sacrifice. The house of Kim had the most beautiful daughter in the land, and when her turn came, she was arrayed in her wedding garments and the bridal feast made ready under a tent by the sea-shore. There was great distress among the village folk. Usually the Sea Monster would rise out of the water, with fire darting from his three heads, and wind his long tail about the girl and the feast table and disappear. The next morning the bones of the girl would be washed ashore to be buried by her sorrowing family! On this occasion, just as the Dragon appeared, a golden boat arrived on the scene with a fair Prince. With his mighty sword he cut off one head of the dragon, robbing it of its strength, and so saved the daughter of Kim. A wedding was then arranged between the girl and the Prince; but, just before the ceremonies, a messenger arrived from the king, his father, saying an evil spirit had stolen the 'Three Great Treasures of his Kingdom.' The king was also displeased to have the Prince wed without his permission. If his son would recover these 'Three Treasures,' he would give his consent to the marriage. So the Prince bade the girl farewell, promising to return in one hundred days, with a white flag on his Golden Ship if his adventure was successful, but a red one would be flown if he should be killed. The girl sat by the sea and watched for his return, growing weak and faint with watching. On the one hundredth day the ship again appeared. But on his journey the Prince had again met and fought with the Dragon, whose blood had stained the white flag. In his joy over seeing his bride once more, he forgot that the flag was stained. When the girl and her friends on shore saw the blood-red flag, they believed the Prince dead and the poor girl died of grief. The victorious Prince arrived only to attend her funeral, but from fer grave sprang this flower to bloom One Hundred Days each summer.

쇠영역글(쇠영역굴)

사위질빵이라고 하며, 길이는 약 3m이고 어린 가지에 잔털이 난다. 잎은 마주나고, 7~8월에 흰색 꽃이 핀다. 꽃잎은 없으며 수술과 암술은 많다.

Clematis apiifolia DC; Clematis

산박하(산박하)

산지에서 흔히 자란다. 높이 40~100cm이다. 줄기는 곧게 서고 모가 난다. 가지를 많이 내며 전체에 잔털이 난다. 잎은 마주나고 삼각 달걀 모양이며 길이 3~6cm, 나비 2~4cm이다. 밑은 잎자루의 날개같이 되고 가장자리에 둔한 톱니가 있다. 양면 맥 위에 털이 난다. 꽃은 6~8월에 파란빛을 띤 자줏빛으로 피고 줄기 위에 취산꽃차례로 달린다. 꽃 지름 길이는 8~10mm이며, 전체가 커다란 꽃이삭이 된다. 꽃받침은 종 모양이며 털이 나고 5갈래로 갈라지는데, 갈래조각은 좁은 삼각형이다.

Plectranthus inflexus, Vahl.; Mountain Mint.

백일홍나무

■ 백일홍나무(빅밀홍나무 百日紅)
꽃이 오랫동안 피어 있어서 백일홍나무(배롱나무)라고 하며, 나무껍질을 손으로 긁으면 잎이 움직인다고 하여 간즈름나무 또는 간지럼나무라고도 한다. 높이 약 5m이다. 나무껍질은 연한 붉은 갈색이며 얇은 조각으로 떨어지면서 흰 무늬가 생긴다. 작은가지는 네모지고 털이 없다. 꽃은 양성화로서 7~9월에 붉은색으로 피고 가지 끝에 원추꽃차례로 달린다. 꽃차례는 길이 10~20cm, 지름 3~4cm이다. 꽃잎은 꽃받침과 더불어 6개로 갈라지고 주름이 많다. 중국 원산이며 관상용으로 재배한다.
■ Lagerstroemia indica, Linne ; Crepe Myrtle ; 'One Hundred Day Red Flower.'

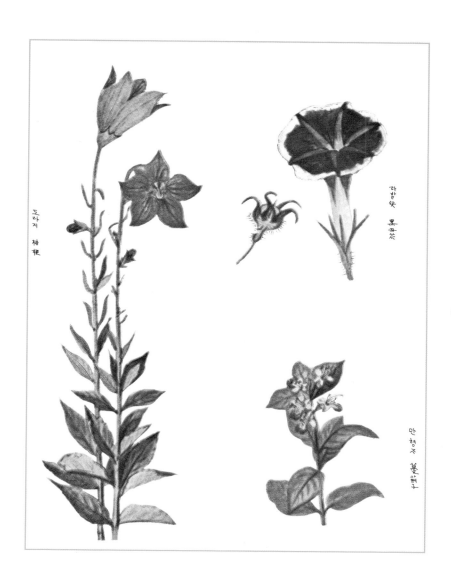

도라지　桔梗

나발꽃　�花

만형조　蔓荊子

나팔꽃은 그 모양 때문에 불리는 이름이다.
새벽녘에 꽃을 피워 해질녘에 지는 이 꽃은 한국의 철학자들에 의해 물질적으로는 풍요롭게 살지만 진실성이 결여된 삶을 사는 사람들을 비유되어지곤 한다. 뿌리는 약재로도 이용된다고 한다.

도라지의 뿌리는 아주 귀한 것이다. 이 뿌리는 강한 산성을 가지고 있어 여러 번 삶아야 하는데 이것은 '감기몸살'에 효과가 있다고 알려져 있다.
뿌리는 또한 제사상의 나물로도 쓰여진다.

만형자는 섬 주변의 바닷가에서 자라나며 강한 향을 가지고 있다.

The Morning Glory is the 'Trumpet Flower,' because of its shape. The lovely bloom opening at dawn, to close at sunset, is symbolic, to the Korean philosopher, of the superficial man or woman living in luxury, but lacking that character which makes for the permanency of a people. The root is said to have medicinal value.

The roots of the Blue Bell are very valuable. When dried and boiled in several waters, because the first water is quite acid, it is a remedy for 'colds and fever.' Thess roots are also served at the time of the ancestral sacrifice.

Water Sage grows along the beautiful shell beaches of Korea and on its islands. It has a very spicy odor.

나팔꽃(나발꽃 喇叭꽃)

인도가 원산지인 한해살이 덩굴식물이다. 관상용으로 심지만 길가나 빈터에 야생하기도 한다. 줄기는 아래쪽을 향한 털들이 빽빽이 나며 길게 뻗어 다른 식물이나 물체를 왼쪽으로 3m 정도 감아 올라간다. 잎은 어긋나고 긴 잎자루를 가지며 둥근 심장 모양이고 잎몸의 끝이 보통 3개로 갈라진다. 갈라진 조각의 가장자리는 밋밋하고 톱니가 없으며 표면에 털이 있다. 나팔꽃은 약재로 많이 쓰인다.

Pharbitis Nil, Choisy ; Morning Glory, ‘Trumpet Flower.’

▌ 도라지(도라지 桔梗)
　　산과 들에서 자란다. 뿌리는 굵고 줄기는 곧게 자라며 자르면 흰색 즙액이 나온다. 높이는 40~100cm이다.
번식은 종자로 한다. 봄·가을에 뿌리를 채취하여 날것으로 먹거나 나물로 먹는다. 도라지의 주용 성분은 샤
포닌이다. 생약의 길경(桔梗)은 뿌리의 껍질을 벗기거나 그대로 말린 것이며, 한방에서는 치열(治熱), 폐열, 편
도염, 설사에 사용한다. 흰색 꽃이 피는 것을 백도라지, 꽃이 겹으로 되어 있는 것을 겹도라지, 흰색 꽃이 피는
겹도라지를 흰겹도라지라고 한다.
▌ Platycodon glaucus, Nakai ; Blue Bells, 'Tangerine Stem.'

▌만형자(만형자 蔓荊子)
  '순비기나무' 라고도 한다. 바닷가 모래땅에서 옆으로 자라면서 뿌리가 내린다. 커다란 군락을 형성하며 높이 20~80cm이다. 전체에 회색빛을 띤 흰색의 잔 털이 있고 가지는 네모진다. 화관은 지름 약 13mm이고 4개의 수술 중 2개가 길며 꽃밥은 자줏빛이다. 한방에서는 열매는 두통·안질·귓병에 쓴다.
▌Vitex rotundifolia, L.fil.; Water Sage.

상사화 想思花

부활꽃 復活花

부활꽃은 흔치는 않지만 절에서 귀하게 여기는 꽃이다.
그 이파리는 '임금님의 부채를 만드는 것' 이라고 한다.
모든 사람들과 예술가들에게 널리 사랑받고 있는 이 꽃은 가는 곳마다 행운과 불행을 가져다준다고 여겨지고 있다.
이파리는 3월에 피어나지만 곧 떨어지고 만다.
꽃은 화려한 자태를 뽐내며 8월에 피어난다.
상사화라고도 하는데, 지하 인경은 크고 둥근데 꽃이 피어날 때는 잎이 말라서 꽃과 잎이 서로 보지 못하는 까닭에 상사화라 부른다.

The Resurrection Lily is rare, but quite a favorite temple flower. Its leaves 'make a fan for the King.' This flower, beloved if the people, and a favorite with their artists, is said to bring a great fortune or misfortune wherever it goes. The leaves appear in March, but soon die. The flowers bloom in great beauty in August.

▌ 부활꽃(부활꽃 復活花)
한국이 원산지이며 관상용으로 심는다. 비늘줄기는 넓은 달걀 모양이고 지름이 4~5cm이며 겉이 검은빛이
도는 짙은 갈색이다. 한방에서는 비늘줄기를 약재로 쓰는데, 소아마비에 진통 효과가 있다. 잎이 있을 때는 꽃
이 없고 꽃이 필 때는 잎이 없으므로 잎은 꽃을 생각하고 꽃은 잎을 생각한다고 하여 상사화라는 이름이 붙었
다. 지방에 따라서 '개난초' 라고 부르기도 한다.

▌ Lycoris squamigera, Maximowicz ; Pink Resurrection Lily.

고매채는 상당한 독성을 품고 있는 식물로서 벌레를 잡는 데 많이 사용된다.
혹자는 이 꽃으로부터 동양의 아름다운 국화들이 개발되기 시작되었다고도 한다. 어쨌든 냄새는 똑같다.

칡넝쿨은 튼튼한 끈으로 쓰이며 바구니와 신발 등을 만드는 재료가 되며, 또한 지게를 수선하는데도 유용하게 쓰인다.
뿌리가 수없이 많이 뻗어나가 한줄기의 칡넝쿨만 찾아도 많은 양의 뿌리를 한꺼번에 캐어낼 수 있는데 지열제로 아주 귀하게 여겨지며, '숙취'의 두통을 없애주는 데 좋은 효과를 나타낸다.

> "두 사람이 엉켜서 싸우는 모습이 마치 칡넝쿨이나
> 등나무가 엉킨 것 같구나."
>
> −한국 속담−

Yellow Lettuce, or Wild Chrysanthemum, is very poisonous and quite effective as an insect powder. Some surmise that from this plant the wonderful Chrysanthemums of the East have been developed. Certainly the odor is the same.

The Kudzu Vine furnishes a tough fiber rope which is most useful to the Koreans in making baskets and shoes, and in repairing the ubiquitous load carrier ("chicky").
Its roots are so numerous that a single vine furnishes a load, all of which is valuable as a 'fever remedy' and is also the drunkard's relief for the 'beer headache.'

> "Two people always fighting are like the Kudsu Vine and the Wistaria."
>
> −Korean Proverb.

▌ 고매채(고머채)

'씬나물' 이라고도 한다. 산과 들이나 밭 근처에서 자라며 농가에서 재배하기도 한다. 높이 약 80cm이다. 줄기는 곧고 가지를 많이 치며 붉은 자줏빛을 띤다. 뿌리에 달린 잎은 꽃이 필 때까지 남아 있으며 타원형이다. 길이 2.5~5cm, 나비 14~17mm이며 잎자루가 없고 가장자리는 빗살 모양으로 갈라진다. 5~7월에 노란 꽃이 피는데, 가지 끝에 두상화가 산방꽃차례로 달린다. 화관은 노란색이고 끝이 갈라지며 통부분은 길이 1.5~2mm이고 잔털이 난다. 열매는 수과로 검은색에 납작한 원뿔형이며 6월에 익는다. 관모는 흰색이다. 어린 잎과 뿌리는 김치를 담그거나 나물로 먹으며, 민간에서는 풀 전체를 약재로 쓰기도 한다. 한국, 중국 등지에 분포한다.

▌ Lactuca denticulata, Maximowicz ; Yellow Lettuce.

▍향유
  꿀풀과에 속하는 일년생 초본식물. 높이는 30~60㎝이다. 원줄기는 사각형으로 털이 있고 강렬한 향기를 발
산한다. 잎은 마주 나며 끝이 뾰족하고 길이 3~10㎝, 너비 1~6㎝로 양면에 잔털이 있다. 전초를 약용으로 사
용하고 있다. 여름 감기에 자주 쓰이고 또 건위작용이 있어 여름의 복통·설사·소화불량 등의 증상에 자주
쓰인다. 입 안에서 구취가 날 때에는 달인 물로 자주 세척하면 효과가 있다.
▍Elsholtzia Patrini, Garckke ; Elscholtzia.

▌ 칡(측 葛)
　칡은 다년생식물로 겨울에도 얼어 죽지않고 대부분의 줄기가 살아남는다. 줄기는 매년 굵어져서 굵은 줄기를
이루기 때문에 나무로 분류된다. 산기슭의 양지에서 자라는데 적당한 습기와 땅속이 깊은 곳에서 잘 자라며
줄기는 20m 이상 뻗쳐있다. 뿌리의 녹말은 갈분이라 하며 녹두가루와 섞어서 갈분국수를 만들어 식용하였
고, 줄기의 껍질은 갈포(葛布)의 원료로 쓰였다. 최근에는 칡의 용도가 한정되는 경향으로 뿌리를 삶은 물은
칡차로만 이용한다.
▌ Pueraria hirsuta, Matsumura ; Kudzu Vine.

무궁화

개열구

개암구 줄기는 신발 끈으로 쓰여진다. 열매는 식용이며 뿌리는 여러 가지 약재로 쓰인다.

무궁화는 꺾꽂이를 해 놓으면 금방 자라나고 삼천리강산 방방곡곡 없는 곳이 없다. 꺾어도 또 다시 자라나는 끈질김은 역동의 역사를 가진 한국의 징표로 여겨져서 국화로 정해져 있다. 주변의 세 강대국에 둘러싸여 항상 시달려야만 했던 작은 반도의 나라, 그래서 자주 '꺾여야'만 했던 이 나라의 운명과도 같아 온 국민의 사랑을 받은 것은 지극히 당연한 일일 것이다.

Bamboo Vine was once a very popular shoe-string in Korea. Its berries are edible and the roots add to the innumerable list of drugs.

Althaea, or, as the Koreans say, Everlasting Flower, grows readily from a slip is found the entire length, 'three thousand li,' of the land. Its persistence in renewing growth when cut down, has made it the symbol of old Korea, with her many reverses. Hence it was once the National Flower. The history of this little peninsula, and a buffer state between three large nations, made it inevitable that she would be often "cut down," therefore the universal love for the Althaea.

개멀구(개멀구)

  '댕강넝쿨', '댕댕이덩굴' 이라고도 한다. 들판이나 숲가에서 자란다. 줄기는 3m 정도이다. 잎은 어긋나고 달 걀 모양이며 윗부분이 3개로 갈라지기도 한다. 줄기와 잎에 털이 있다. 잎 끝은 뾰족하고 밑은 둥글며 길이 3 ~12cm, 나비 2~10cm로서 3~5맥이 뚜렷하다. 꽃은 양성화로 6월에 황백색으로 잎겨드랑이에서 원추꽃차 례를 이루어 핀다. 한방에서는 치열(治熱), 사습제(瀉濕劑), 신경통, 류마티즘, 수종(水腫), 이뇨(利尿) 등에 사 용한다. 유독성 식물이다. 한국(황해도 이남지방), 일본, 중국, 타이완 등지에 분포한다.

  Cocculus trilobus, De Candolle ; Bamboo Vine, 'Dog Grapes.'

▌ 무궁화(무궁화)

　'근화(槿花)'라고도 한다. 대한민국 국화(國花)이다. 무궁화는 한자어이지만 중국 문헌에는 나타나지 않고, 다만 산해경에 한국에 훈화초(薰華草: 무궁화)가 있다는 기록이 있다.

　내한성(耐寒性)으로 높이 2~4m이고 때로는 교목이 되는 것도 있다. 꽃은 지름 7.5cm 정도이고 보통 홍자색 계통이나 흰색 · 연분홍색 · 분홍색 · 다홍색 · 보라색 · 자주색 · 등청색 · 벽돌색 등이 있다. 꽃의 밑동에는 진한 색의 무늬가 있는 경우가 많다. 그리고 이 무늬에서 진한 빛깔의 맥이 밖을 향하여 방사상으로 뻗는다. 열매는 길쭉한 타원형으로 5실(室)이고 10월에 익으며 5개로 갈라진다. 종자는 편평하며 털이 있다. 꽃이 아름답고 꽃피는 기간이 7~10월로 길어서 정원 · 학교 · 도로변 · 공원 등의 조경용과 분재용 및 생울타리로 널리 이용된다. 한국, 싱가포르, 홍콩, 타이완 등지에서 심어 재배하고 있다.

▌ Hibiscus syriacus, Linne ; Althaea, 'Everlasting Flower.'

동양의 주식량인 벼는 5월에 물이 고인 논에 씨앗을 뿌려 6월에 옮겨 심으며, 논의 물기가 다 마를 때쯤인 10월에 추수를 한다.

모든 물물교환의 기준이 될 뿐만 아니라 볏대는 말려서 지붕을 엮어 비바람을 막는 데 사용한다. 이 나라사람들은 고무신이 발명되기 전까지는 볏짚으로 만든 짚신을 신었다. 또한 볏짚으로 새끼줄을 꼬아 곡식을 넣어두는 가마니로 사용하기도 하며 멍석을 만들어 곡식을 말리는 깔개로 쓰기도 한다.

단 몇 개의 볏짚으로도 금방 꼬아서 달걀을 싸는 데 쓰는 것부터 시작해서 시장에 가져갈 돼지를 끄는 끈으로도 사용된다.

흑미는 딱딱하고 쫄깃쫄깃한데 쪄서 절구에 절구공이로 찧어서 생일상에서부터 제사상, 결혼잔치상까지 안 올라가는 곳이 없다.

모든 쌀들은 떡을 만들 수 있는 재료가 되지만 이 흑미는 그 독특한 맛 때문에 그냥 먹는 것을 선호한다.

적미는 좀 더 바삭바삭한 맛을 가지고 있어 서양사람들의 아침식사로 애용되어진다. 분홍색, 붉은색, 노란색 등이 있는데 잔치에 쓸 엿이나 떡을 장식하는 데 많이 쓰여진다.

Rice, the staff of life of the East, is planted in seed-beds of water in May, transplanted the last of June, in water, and harvested after the fields have dried in October. Not only is it the monetary standard of trade, but rice straw covers the roof and provides protection from heat and rain. Until the inroad of manufactured rubber shoes, rice-straw shoes were universally worn. It supplies rope for all uses and bags to hold the grain, as well as the large straw mats on which the grain is dried. A few pieces of rice straw, quickly twisted by hand, will tie up any bundle, from eggs to a pig for market!

Black Rice, when steamed and beaten "in a mortar with a pestle" is tough and elastic, but is present at every feast, from birthdays to marriage or ancestral worship. Any rice will make 'bread,' but Black Rice is preferable for this delicacy.

Red Rice, a more brittle variety, is fried and eaten as a cereal (Teapop) by Westerners. Coloured pink, red and yellow, it is used to decorate barley candy and rice cakes for festive occasions.

▌ 벼(벼(나락)稻)

동인도가 원산지인 식용작물로 논이나 밭에 심는다. 높이는 1m 정도이고 잎은 가늘고 길다. 성숙하면 줄기 끝에 이삭이 나와 꽃이 핀 후 열매를 맺는다. 벼의 열매를 찧은 것을 쌀이라고 하며, 전세계 인구의 40% 정도가 쌀을 주식량으로 한다. 벼과에 속하는 식물로는 20여 종(種) 이상이 알려져 있으나, 실제로 재배되고 있는 것은 벼가 대부분이다. 벼에서 얻어지는 것은 나락과 볏짚인데, 나락은 종자용을 제외하고는 도정하여 쌀과 왕겨, 쌀겨 등으로 나누어진다. 쌀은 밥을 짓는 데 90% 이상이 쓰이고, 나머지는 술·떡·과자·엿 등의 원료로 쓰인다. 짚과 왕겨는 연료 및 퇴비로 많이 쓰이나 볏짚은 가마니·새끼 등의 짚 세공용으로도 쓰인다. 쌀겨는 기름을 짜거나 사료·비료·약용 등으로 많이 이용된다.

▌ Oryza sativa, Linne; Common Rice.

❚ 검은 벼
　흑미(黑米)라고 불리는 검은 벼.
❚ Oryza sativa, Linne; Black Rice.

212＿ 푸른 눈의 여인이 그린 한국의 들꽃과 전설

▌붉은 벼
검붉은 색의 붉은 털이 있는 벼.
▌Oryza sativa rufipogon, Linne; Red Rice.

▌까락 벼
　까락이 긴 유망종 벼.
▌Oryza sativa, Linne; Bearded Rice.

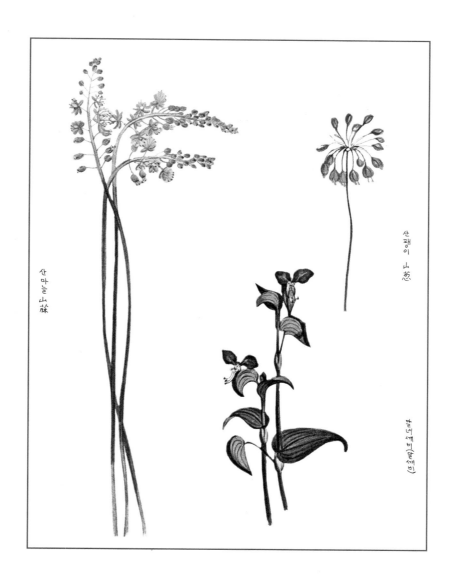

산마늘 山蒜

산팽이 山茐

달개미(달개비)

산마늘과 산팽이는 부엌에서 유용하게 쓰여진다.
마늘은 해독성분이 있으며 또한 약재로도 쓸모가 많다.

달개비는 계곡이나 산, 전국 어디서나 볼 수 있는 생명력이 강한 식물이다.
이것은 "석달 간의 가뭄"이나 장마에도 끄떡없이 견뎌낸다.

Both Wild Garlic and Wild Onion are useful in the culinary
department. Garlic is an antidote for certain poisons and a valuable
addition to the compounded drugs.
Day Flower is very hardy and is found all over Korea, in the valleys
and on the mountains. It thrivers during "three months drought" as
well as during the "rainy season."

▌산마늘(산마늘 山蒜)

　산지에서 자란다. 열매는 삭과로서 거꾸로 된 심장 모양이고 8~9월에 익는다. 3개의 심피로 되어 있으며 끝이 오목하고 종자는 검다. 울릉도에서는 이른봄에 먹는 중요한 산나물의 하나이다. 한국, 일본, 중국 북부, 시베리아 동부, 캄차카반도 등지에 분포한다.

▌Scilla japonica, Baker ; Wild Garlic, 'Mountain Garlic.'

▌산팽이(산쾡이 山葱)
　산지에서 자란다. 비늘줄기는 바소꼴이고 길이 4~7cm이며 그물 같은 섬유로 싸여 있다. 가장자리는 밋밋하고 밑 부분은 통으로 되어 있다. 울릉도에서 이른봄에 먹는 산나물의 하나이다. 한국, 일본, 중국, 캄차카반도 등지에 분포한다.
▌Allium sacculiferum, Maximowicz ; Wild Onion, 'Mountain Onion.'

■ 달개비(달니새비 (달새비))
길가나 풀밭, 냇가의 습지에서 흔히 자란다. 줄기 밑 부분은 옆으로 비스듬히 자라며 땅을 기고 마디에서 뿌리
를 내리며 많은 가지가 갈라진다. 줄기 윗 부분은 곧게 서고 높이가 15~50cm이다. 포는 넓은 심장 모양이고
안으로 접히며 끝이 갑자기 뾰족해지는데 길이가 2cm 정도이다. 꽃받침조각은 3개이고 타원 모양이며 길이
가 4mm이다. 봄에 어린잎을 식용한다. 한방에서는 잎을 압척초(鴨衫草)라는 약재로 쓴다. 열을 내리는 효과
가 크고 이뇨 작용을 하며 당뇨병에도 쓴다. 생잎의 즙은 화상에 사용한다. 한국, 일본, 중국 우수리강(江) 유
역, 사할린, 북아메리카 등지에 분포한다.
■ Commelina communis, Linne ; Day Flower.

우구화는 논두렁의 고랑에서 발견된다. 이파리는 나물로 쓰인다.

Water Hyacinth abounds in the irrigation ditches around the rice fields. The leaves are cooked as a vegetable.

우구화(우구화 雨久花)

논과 늪의 물 속에서 자라며, '물옥잠' 이라고도 한다. 줄기는 스폰지같이 구멍이 많아 연약하고 높이가 20~40cm이다. 줄기 밑 부분의 잎은 잎자루가 길지만 줄기 위로 올라갈수록 잎자루가 짧아지고 밑 부분이 넓어져서 줄기를 감싼다. 잎몸은 심장 모양이고 길이와 폭이 각각 4~15cm이며 가장자리가 밋밋하고 끝이 뾰족하다. 화피는 6개로 갈라지고 수평으로 퍼지며, 갈라진 조각은 타원 모양이고 끝이 둔하다. 열매는 삭과이고 달걀 모양의 긴 타원형이며 지름이 1cm이고 끝에 암술대가 남아 있다. 한방에서는 뿌리를 제외한 식물체 전체를 우구(雨)라는 약재로 쓰는데, 고열과 함께 오는 해수와 천식에 효과가 있다.

Monochoria Korsakowii, Regel et Maack ; Water Hyacinth, 'Rain Flower.'

▌ 고양이밥(고양이밥)
  '며느리배꼽' 이라고도 한다. 줄기는 1~2m이고, 전체에 밑으로 향한 가시가 있다. 어긋나기로 붙는다. 꽃은 7~9월에 피고 엷은 녹색이며 꽃잎이 없다. 열매는 달걀 모양으로서 윤기가 나는 흑색이다.

▌ Polygonum perfoliatum Line. Polygonaceae; smartweed.

들봉선화 野鳳仙花

들봉선화는 깨끗한 물가에서 자라나 가장 깨끗한 꽃이라고 알려져 있으며 그 꽃잎의 색깔이 불사조의 그것과 같다 하여 '불사조의 영혼' 이라고 불리기도 한다. 깨끗하고 화려하기로 잘 알려진 불사조는 가장 깨끗한 나무이며 가장 귀한 악기의 재료이기도 한 오동나무에서 산다는 말이 있다.

옛날 한 소녀가 초저녁별을 무척 사랑하였다. 하루의 일과가 끝나면 그녀는 매일 그 별에게로 달려가서 은방울 같은 목소리로 노래를 부르곤 하였다. 하루는 별이 그녀의 부드러운 목소리를 귀 기울여 들으려고 몸을 너무 낮추다가 그만 하늘에서 떨어져 그녀의 발밑에서 죽고 말았다. 슬픔에 빠진 소녀는 그 별을 주워 땅에 묻어주었는데 그 무덤에서 피어난 꽃이 들봉선화라고 한다. 그 후 그녀는 매일 별의 무덤을 찾아가 그 꽃을 돌보아 주었다. 꽃잎이 떨어지면 그녀는 떨어진 꽃잎을 주어 손톱에 물을 들였다.
그 일이 손톱에 물들이는 것을 유행하게 하였다고 한다. 동양에서는 아직도 이 꽃잎으로 손톱에 물을 들이고 있다.

The Phoenix, a fabulous bird, and the cleanest of all birds, is said to feed on the Sterculia tree, the cleanest of trees. From its wood the finest of musical instruments are made. Jewelweed, growing by clear streams, is said to be the cleanest of flowers, and its colour is like the Phoenix ; so it is often called 'The Spirit of Phoenix.'
Once a beautiful girl loved the Evening Star. At the close of each day, when her work was finished, she would go out in the yard and sing to the star with her 'silvery voice.' On one of these occasions, she sang so softly that the Spirit of the Evening Star, in his eagerness to hear her lovely song, leaned so low that he fell from the sky and died at her feet. This made the girl very sad, so she buried the bleeding Spirit of the Star, and from his grave this flower blossomed. The girl then visited the grave every evening to care for the flower thereon. When the petals dropped, she gathered them and dyed her finger nails. This Started the fashion for tinted nails! The flower is still used for this purpose in the East.

들봉선화(들봉션화 野風仙花)

인도 동남아시아가 원산지이다. 햇볕이 드는 곳에서 잘 자라며 나쁜 환경에서도 비교적 잘 자란다. 습지에서도 잘 자라므로 습윤한 찰흙에 심고 여름에는 건조하지 않게 한다. 열매는 삭과로 타원형이고 털이 있으며 익으면 탄력적으로 터지면서 씨가 튀어나온다. 공해에 강한 식물로 도시의 화단에 적합하다. 옛날부터 부녀자들이 손톱을 물들이는 데 많이 사용했으며 우리 민족과는 친숙한 꽃이다.

Impatiens Textori, Miquel ; Jewelweed, 'Spirit of Phoenix,' 'Spirit of Evening Star.'

고추맛 보다 더 좋은 게 있을까? 한국 사람들은 그런 생각을 한다.
김치 담글 때도 고추, 고기에도 고추, 국에는 물론!
추수의 계절이 오면 그중 눈에 띄는 아름다운 장면은 회색의 초가지붕 위에 널려있는 고추 말
리는 모습이다. 말려지고 나면 가루로 만들어져 쓰인다.
한국의 소녀들은 붉은 치마를 즐겨 입고 나이가 들어감에 따라 짙은 색을 입고 초록색은 입지
만 붉은색 치마는 삼간다. 그것에 연관된 말은:
"어렸을 때는 초록색 치마를 입고 늙어서 붉은 치마를 입는 것이 무엇이냐?"
-물론 고추지!

제삿날에는 참깨의 기름으로 호롱불을 켠다.
참기름은 또한 한국 식탁에서 빼놓을 수 없는 맛이다.
말린 씨는 갈아서 양념으로 쓴다.

메밀은 잔치상에서 빼놓을 수 없는 묵을 만드는 데 쓰인다.
갈아서 눌러서 네모지게 자른다.
메밀은 또한 장티푸스와 해열에도 효과가 있다.
메밀묵은 한국의 건강식품으로 많은 사람들이 좋아하는 음식 중 하나인데 강원도 지역에서 많
이 나고 유명한 음식이다.

What is so good as a hot pepper relich? So thinks Korea. Pepper in
pickle, pepper in meat, and in soup always!
One of the most picturesque sights, at harvest time, is the little red
patch of peppers drying on the grey straw roofs of the houses. When
dried, the pepper is pulverized in the mortar and is ready for use.
A Korean girl loves a red skirt, but a grown woman wears a darker
color, green, never red. Hence the riddle:
"What is it that wears a green skirt when young and a red one when
grown up?" – A pepper, of course!
Oil of Sesame is burned at the ancestral worship. The oil is also a relish
on the Korean table. The dried seeds, ground, make a good seasoning.

Buckwheat, a cereal, is also a favorite candy at every feast. It is
ground, pressed, and cut into cubes. Buckwheat is a native remedy
for typhoid fever.

■ 고추((고초) 苦椒)

밭에서 재배한다. 높이 약 60cm로 잎은 어긋나고 잎자루가 길며 양 끝이 좁고 톱니가 없다. 여름에 잎겨드랑이에서 흰 꽃이 1개씩 밑을 향해 달리는데, 꽃받침은 녹색이고 끝이 5개로 얕게 갈라진다. 붉게 익은 열매는 말려서 향신료로 쓰고 관상용·약용(중풍·신경통·동상 등)으로도 쓴다. 고추의 매운맛은 캡사이신이라고 하는 염기 성분 때문이며 붉은 색소의 성분은 주로 캅산틴이다. 말린 고추와 풋고추용의 2가지로 나누며, 피멘토 등의 피망 고추가 있다. 한국의 고추 종류는 약 100여 종에 이르며 산지의 이름을 따서 영양·천안·음성·청양·임실·제천 고추 등으로 부른다.

■ Capsicum annuum, Linne; Korean Pepper.

■ 참깨(참깨 (胡麻))

뿌리는 곧고 깊게 뻗으며, 줄기는 단면이 네모지고 여러 개의 마디가 있으며 높이가 1m에 달하고 흰색 털이 빽빽이 나있다. 잎 끝 부분은 뾰족하고, 밑 부분은 거의 둥글거나 뾰족하며, 가장자리는 밋밋하다. 줄기 밑 부분에 달린 잎은 폭이 넓고 가장자리의 톱니가 발달해 3개로 갈라지기도 하며 잎자루 밑 부분에 노란 색의 작은 돌기가 있다. 한방에서는 종자를 흑지마(黑芝麻)라는 약재로 쓰는데, 피부 점막의 회복을 촉진하고, 혈액의 콜레스테롤 수치를 줄이며, 장 운동을 활발하게 한다. 또한 종자에서 품질 좋은 기름을 짜내 사용하고, 기름을 짜고 남은 깻묵은 사료 및 비료로 쓴다.

■ Sesamum indicum, Linne; Sesame.

■ 메밀(오말 蕎麥)

　　모밀은 각지에서 재배한다. 높이는 60~90cm이고 줄기 속은 비어 있다. 뿌리는 천근성이나 원뿌리는 90~120cm에 달하여 가뭄에 강하다. 풋것은 베어 사료로 쓰며, 잎은 채소로도 이용된다. 종자의 열매는 메밀쌀을 만들어 밥을 지어 먹는다. 가루는 메밀묵이나 면을 만드는 원료가 되어 우리나라에서는 옛날부터 메밀묵과 냉면을 즐겨 먹었다. 섬유소 함량이 높고 루틴(rutin)이 들어 있어서 구충제나 혈압 강하제로 쓰인다.

■ Fagopyrum esculentum ; Moench, Buckwheat, 'Square-wheat.'

계관화 鷄冠花 (맨드람이)

맨드라미가 없는 화단은 어디에도 찾아 볼 수 없다.
맨드라미꽃은 김치를 만들 때 말려서 갈아서 함께 쓰인다.
줄기도 식용이다.

김씨의 이웃에는 최씨라는 부자가 살고 있었다. 김씨의 가장 소중한 재산은 황금빛 수탉이었는데 최씨가 무척 부러워하는 것이었다. 하루는 최씨가 김씨에게 장기를 두자고 제안하며 말했다.
"무슨 내기를 할까?"
김씨가 말했다.
"자네가 이긴다면 내 눈썹을 하나 뽑아 가지게나."
그러자 최씨가 말했다.
"내가 만약 이긴다면 자네 수탉을 나에게 주게나."
"안되지, 마누라에게 먼저 물어봐야지."
김씨가 대답했다.
그러나 장기는 김씨가 이기고 말았다.
그러자 고집 센 최씨가 으르렁거리며 말했다.
"이번에는 내 수탉하고 자네 황금 수탉을 싸움시켜 보자구."
최씨는 날카로운 칼날을 자신의 수탉의 발에 몰래 묶어 놓아 김씨의 황금 닭이 죽게 되었다. 김씨는 울며 자신의 자랑이던 죽은 황금 닭을 집으로 가지고 가 아내와 함께 마당 한구석에 묻어 주었다. 다음날 마당을 쓸다가 보니 꽃이 하나 피어 있었는데, 그 꽃은 바로 죽은 자신의 황금 닭의 벼슬 모양을 하고 있었다고 한다.

No flower bed in Korea is complete, without the flaming red plume of the Cockscomb. The flowers are dried and mixed as seasoning in the pickled turnips ('kimchi). The stems are also eaten.

Kim once had a wealthy neighbour named Choi, and Kim's most prized possession was a 'Golden Cock,' of which Choi was most jealous. One day Choi asked Kim to play a game of checkers with him, and said : "Name the stakes." Kim answered : "I'll let you pluck my eyebrows, if you win!" but Choi said : "If I win, you give me your cock." "No," said Kim, "I will have to ask my wife about that." But Kim won the game! Then Choi said : "Let my cock and your golden cock fight," and, threatening his poor neighbour, he had his way. Choi secretly fastened knives on his cock's feet, so that, when they fought, the 'Golden Cock' was killed. Kim wept and carried his lost treasure home to his wife, and together they buried it in the corner of their yard. Next day, as he was sweeping his yard, he found a flower wearing his cock's beautiful comb.

▌계관화(계관화 鷄冠花 (맨드람이))

　'계두(鷄頭)'라고도 한다. 열대 인도산이며 관상용으로 심는다. 줄기는 곧게 서며 높이 90cm 정도 자란다. 흔히 붉은빛이 돌며 털이 없다. 잎은 어긋나고 달걀 모양 또는 달걀 모양의 바소꼴이며 잎자루가 있다. 꽃은 7~8월에 피고 편평한 꽃줄기에 잔꽃이 밀생하며, 꽃색은 홍색·황색·백색 등이다. 열매는 달걀 모양이며 꽃받침으로 싸여 있고 옆으로 갈라져서 뚜껑처럼 열리며 3~5개씩의 검은 종자가 나온다. 꽃은 지사제로 약용하거나 관상용으로 이용한다. 꽃말은 '열정'이다.

▌ Celosia cristata, Linne ; Cockscomb, 'Cockscomb.'

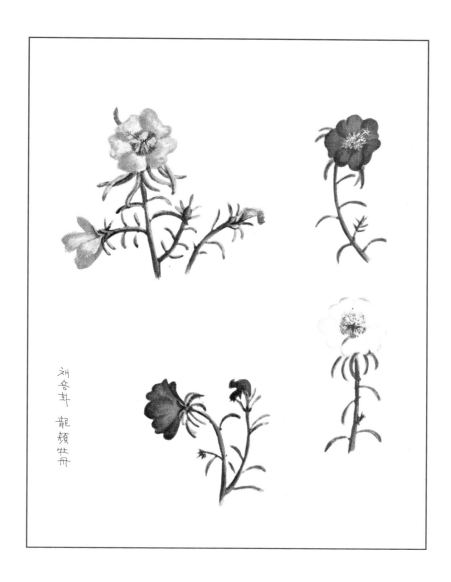

채송화는 하루살이 꽃이다. 전국 어느 집에서나 담벼락을 둘러싸고 빙 둘러 심어놓았다.

옛날 아주 옛날에 꽃들이 처음 이름을 얻을 때, 담벼락 위나 마당가 혹은 마당 한구석에 피어나
개나 고양이나 모두 짓밟고 지나가는 이 작고 볼품없는 꽃은 잊혀져 있었다.
그러나 이 작은 꽃은 스스로를 위안하면서 말했다:
"우리는 예쁜 색깔을 가지고 있고 꽃잎은 소나무같이 생겼잖아."
그리하여 그 꽃은 '소나무 꽃' 이라고 불리었으며, 꽃을 피고 지우며 행복하게 잘 살았다고 한다.

The flower of Portulaca lasts but a day. It often adorns the tops of
the mud walls, which surround every home throughout the land.

Long, long ago, when flowers were being named, this little one was
forgotten because it was neither tall nor famous, blooming on the
walls, around the yard, and in the corners of the courtyards, where
even the cats and dogs walked on it. But the flower comforted itself:
"We have beautiful colours and our leaves are like the pine tree." So
it was named 'Pine Flower,' and so has lived and bloomed 'happily
ever after.'

■ 채송화(채송화. 龍鬚牡丹)
　채송화는 남아메리카가 원산이며 관상용으로 심는다. 줄기는 붉은 빛을 띠고 가지가 많이 갈라져서 퍼지며 높이 20cm 내외이다. 잎은 육질로 어긋나고 가늘고 긴 원기둥 모양이고 잎겨드랑이에 흰색 털이 있다. 꽃은 가지 끝에 1~2송이씩 달리고 2개의 꽃받침조각과 5개의 꽃잎이 있다. 꽃잎은 끝이 파지고 붉은색·노란색·흰색과 더불어 겹꽃도 있다. 꽃받침은 2개로 넓은 달걀 모양이고 막질이며, 화분이나 뜰에서 가꾸고 1번 심으면 종자가 떨어져서 매년 자란다.
■ Portulaca grandiflora, Hooker fil.; Portulaca, 'Pine Flower.'

산국화 山菊花

들국화 野菊花

한국 사람들은 "산국화는 순박하고 아름다운 시골처녀 같은 모습이다."라고 말한다. 중국의 남양에는 넓은 산국화 밭이 있다.
만일 누가 이곳에서부터 흘러나오는 물을 마신다면 그 사람은 100세뿐만이 아니라 120세까지도 너끈히 살 수 있을 것이라고 어떤 현자는 말하였다.
'도연명' 이라는 한 중국의 시인이자 철학자는 이 산국화를 많이 심어놓고 세상을 등지고 꽃들과 함께 그의 일생을 보냈다고 한다.

뿌리를 끓여 마시면 두통에 확실한 효험을 볼 수가 있고 또한 머리를 감으면 그 효과가 아주 좋다. 추석 잔치 때에는 국화의 잎으로 담근 술이 인기가 좋다.

들국화는 곤충약으로 유용하게 쓰인다.

The Korean says: "The Mountain Chrysanthemum is like a beautiful girl from the country." In Nai Myang, China, there is a large bank of chrysanthemums. If one drinks the water which flows from this bank, says the sage, it will lengthen his days to one hundred or even one hundred and twenty years.
Afamous Chinese poet and philosopher, To Yun Myung, planted a large grove of threse 'daisies,' then abandoned the world to live as a hermit, among the flowers.
The roots of the chrysanthemum, when boiled, are a 'sure cure' for headache, and also fine when used as a shampoo.
At the mid-September feast, chrysanthemum leaves are put in the beer ('soule') as a choice festive drink.

Asters are used in making an insect powder.

■ 산국화(산국화 山菊花)
　들국화의 한 종류로서 '개국화'라고도 한다. 산지에서 자란다. 높이 약 1m이다. 꽃은 진정 · 해독 · 소종 등의 효능이 있어 두통과 어지럼증에 사용한다. 관상용으로 심으며 어린순은 나물로 먹는다.
■ Chrysanthemum sibiricum, Fischer ; Mountain Chrysanthemum.

▌ 들국화(들국화 野菊花)
 국화과의 여러해살이풀, 높이는 50~70cm 정도이며, 주로 가을에 피는데 꽃모양이나 빛깔은 여러 가지이다.
 전세계 200여 곳에 분포한다. 갯쑥부쟁이라고도 한다.
▌ Aster koreana, Nakai ; Mountain Aster.

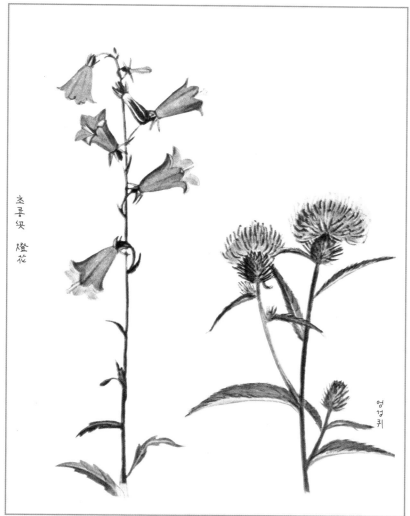

초롱꽃 燈花

엉겅퀴

초롱꽃은 술과 함께 끓이면 류마티즘 치료제로 효험이 있다.
이파리는 식초에 무쳐서 봄날의 상큼한 나물로 인기가 있다.

뭐라고? 소가 엉겅퀴를 먹는다고? 어쨌든 이 가시가 많은 식물은 뿌리가 약초로 쓰인다.

Harebell roots, boiled in beer, are said to be 'fine for rheumatism.' The leaves put in vinegar give it a finer flavor and also are eaten as a vegetable in the Spring.

What cow would eat a thistle? But this 'thorn flower.' nevertheless, gives up a 'valued drug,' from its roots.

▌초롱꽃(초롱꽃 燈花)
　　산지의 풀밭에서 자란다. 줄기는 높이 40∼100cm이고 전체에 퍼진 털이 있으며 옆으로 뻗어가는 가지가 있다. 뿌리잎은 잎자루가 길고 달걀꼴의 심장 모양이다. 어린 순을 나물로 먹는다. 방향성 식물이다. 한국, 일본, 중국에 분포한다. 짙은 자주색 꽃이 피는 것을 자주초롱꽃이라고 한다.
▌Adenophora stricta, Miquel ; Harebell, 'Lantern Flower.'

▌ 엉겅퀴(엉겅퀴)
　‘도깨비엉겅퀴’, ‘고려가시나물’, ‘곤드레나물’ 이라고도 한다. 산과 들에서 자란다. 높이 약 1m이다. 뿌리가
곧으며 가지가 사방으로 퍼진다. 줄기에 달린 잎은 타원 모양 바소꼴 또는 달걀 모양으로 밑쪽 잎은 잎자루가
길고 위쪽 잎은 잎자루가 짧다. 어린 잎은 먹는다. 한국 특산종으로 전국에 분포한다.
▌ Cirsium setidens, Nakai ; Blue Thistle.

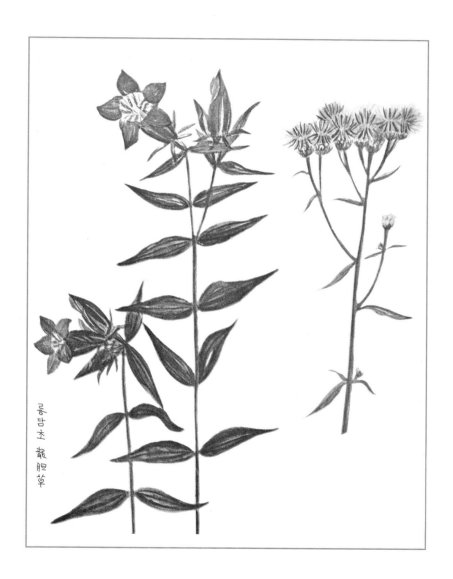

용담초 龍膽草

용담초의 뿌리는 배탈약으로 효과가 있다.
원예개량 품종으로 주목해야 할 꽃이다. 키가 작고 꽃 색이 청초하니 아름답다.

큰각시취는 염료로 쓰이며 줄기는 식용이다.

Gentian Roots are a 'sure cure' for stomach ails.

Saussurea japonica is used as a dye. The stems are edible.

용담초(용담초 龍膽草)

산지의 풀밭에서 자란다. 높이 20~60cm이고 4개의 가는 줄이 있으며 굵은 수염뿌리가 사방으로 퍼진다. 잎의 표면은 녹색이고 뒷면은 연한 녹색이며 톱니가 없다. 꽃은 8~10월에 피고 자주색이며 잎겨드랑이와 끝에 달리고 포는 좁으며 바소꼴이다. 꽃받침은 통 모양이고 끝이 뾰족하게 갈라진다. 서양에서는 루테아용담을 같은 목적으로 사용한다.

Gentiana scabra, Bunge ; Blue Gentian, 'Dragon's Kidney.'

▌ 큰각시취

국화과의 두해살이풀로 줄기 높이는 50~150cm이다. 잎이 어긋나고 타원형이나 피침 모양인데 깃모양으로 갈라진다. 8~9월에 자주색 두상화가 줄기 위나 가지 끝에 핀다. 경기, 전남, 충남, 평남 등지의 산지(山地)에 서 자란다.

▌ Saussurea japonica, De Candolle.

감
柿

"아! 노란 감이여, 서리가 내리니 참으로 달콤하구나.
너의 가지는 일곱 번을 쳐도 끄떡없구나.
너를 따서 껍질을 벗겨내도 씨만은 그대로구나.
그러나 꺾여서 나뭇가지에 매달려
한 쪽을 벗겨내고 뒤집어서 먹으며,
나뭇가지까지도 마저 핥고 싶구나."

–C.C.

한국의 대표적인 과일 중의 하나인 감은 크고 달콤하다.
생으로도 먹고 말려서도 먹는다.
서울을 위시해서 그 남쪽지방에서 서식한다.
꽃은 보잘것없고 항상 고개를 숙이고 있지만 과일이 특별하기 때문에 한 현자가 "항상 감처럼
겸손하게 생활한다면 성공한 인생을 살 수 있을 것이니라."라고 말했다고 한다.

말린 감은 약재로도 사용된다.

"Oh yellow Persimmon, so sweet in the frost,
Vour pruning is sever-fold sure.
They pluck you, and peel you, nor is the seed lost,
But, folded and strung on a stick,
Then scraped on the sides and turned over to eat,
And even the stick will they lick!"

–C.C.

The Korean Persimmon is Large and luscious, the choice fruit of
Korea. It is eaten both fresh and dried. Found about Seoul, it
abounds in the southern part of the Peninsula. The flower is not
prepossessing, and always blooms 'downward,' but since the fruit is
very fine, the sage says : "Dont be high-minded but humble, and,
like the Persimmon, yours will be a beautiful life."
To the dried Persimmon is also attributed medicinal qualities.

감(감 柿)

　감은 단것이 귀했던 시대에 귀중한 과일이었으므로 가공·저장·이용에 힘써 왔다. 수세가 강건하고 병충해도 적어서 비교적 조방적 재배가 가능하다. 또한 내한성이 약한 온대 과수로서 한국의 중부 이북지방에서는 재배가 곤란하다. 감에는 단감과 떫은감이 있는데 중부 이북지방에서는 단감재배가 안 된다. 현재 재배되고 있는 단감은 모두 일본에서 도입된 품종들이며, 재래종은 거의 모두가 떫은감이다.

Diospyros Kaki, Linne ; Korean Persimmon.

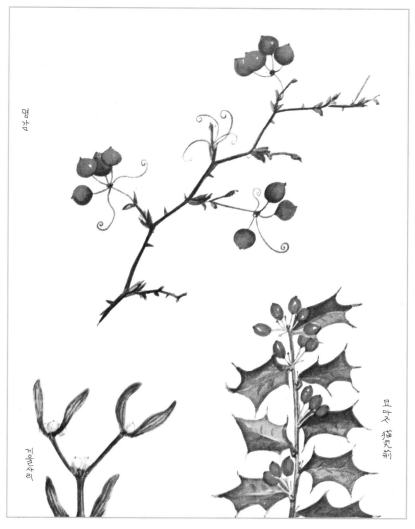

명감

겨우살이

묘아조 猫兒刺

명감은 남부 지방에서 흔히 볼 수 있는데 겨울에 멋진 크리스마스 장식용으로 사용하기도 하고 약재로도 쓰인다

겨우살이는 서울근교에서 자라난다.

> "높게, 좁게, 멋지게, 푸른색 옷을 입고,
> 왕도 모르게, 여왕도 모르게!
> 동방으로 현자를 보내노니,
> 그가 말하기를 '뿔은 있지만 괴물은 아니랍니다.'"

한국사람들은 묘아자 잎의 가시를 '황소뿔'이라고 말한다.
한국의 남단 지방에서만 서식한다.

Wild Smilax is found on the mountains of southern Korea—a lovely Christmas decoration, and also has its value to the native doctor.

Mistletoe grows around Seoul and is found in several other localities.

> "Highty, tighty, paradighty, clothed in green,
> The King could not read it, no more could the Queen!
> They sent for a wise man out of the East,
> Who said : "It has horns, but is not a beast!"

The Korean says the thorny leaves of the Holly are like the 'horns of an ox'!
Holly is found only in the extreme southern part of Korea.

명감(명감)

산지의 숲 가장자리에서 자라며, 청미래덩굴이라고도 한다. 굵고 딱딱한 뿌리줄기가 꾸불꾸불 옆으로 길게 뻗어간다. 줄기는 마디마다 굽으면서 2m 내외로 자라고 갈고리 같은 가시가 있다. 잎은 어긋나고 원형으로 넓은 달걀 모양 또는 넓은 타원형이며 두껍고 윤기가 난다. 잎자루는 짧고 턱잎이 칼집 모양으로 유착하며 끝이 덩굴손이다. 열매는 식용하며 어린 순은 나물로 먹는다. 줄기가 곧고 가지가 많으며 잎이 작은 것을 좀청미래라고 한다.

Smilax China, Linne ; Wild Smilax.

겨우살이

▌ 겨우살이(게울사리)
참나무, 물오리나무, 밤나무, 팽나무 등에 기생한다. 둥지같이 둥글게 자라 지름이 1m에 달하는 것도 있다.
잎은 마주나고 다육질이며 바소꼴로 잎자루가 없다. 가지는 둥글고 황록색으로 털이 없으며 마디 사이가 3~
6cm이다. 줄기와 잎을 치통, 자통, 요통, 부인 산후 제증, 동맥경화에 사용한다. 열매가 적색으로 익는 것을
붉은겨우살이라고 하며, 제주도에서 자란다.
▌ Viscum coloratum, Nakai ; Mistletoe, 'Lives-in-Winter.'

▌ 묘아자(묘아자 猫兒剌)
　해변가 낮은 산의 양지에서 자란다. '호랑가시나무'라고도 한다. 높이 2~3m이고 가지가 무성하며 털이 없다. 잎은 어긋나고 두꺼우며 윤기가 있고 타원상 육각형이며 각점이 예리한 가시로 되어 있다. 꽃은 4~5월에 피고 향기가 있으며 5~6개가 잎겨드랑이에 산형꽃차례로 달린다. 잎은 거풍, 강장 등에 열매는 자음 등에 사용한다. 번식은 가을에 익은 종자를 채취하여 봄에 파종한다.
▌ Ilex cornuta, Lindley et Paxton ; Holly, 'Cat Claws.'

최양식

1952년 경주 출생. 중앙대학교 행정학과를 졸업하고, 영국 리버풀대학에서 행정학 석사를, 영국 엑스터대학에서 행정학 박사과정을 수료하였다. 20회 행정고시를 합격하고, 주영국대사관 참사관, 행정자치부 인사국장, 정부혁신 본부장, 행정자치부 제1차관, 경주대학교 총장, 경주시장 등 주요 관직을 거쳤으며, 홍조근정훈장을 수상했다. 현재 사단법인 지방시대 부이사장으로 재직중이다.

저서로는 『영국을 바꾼 정부개혁』(매일신문사, 1999), 『세계의 새천년 비전』(나남출판, 2000, 공저), 『서양 고지도를 통해 본 한국』(국가기록원, 2007, 공저) 등이 있다.